东华大学服装设计专业核心系列教材 源自服装设计教育精英的集体智慧

东华大学服装设计专业核心系列教材

纺织服装高等教育“十二五”部委级规划教材

刘晓刚　主编

GUOJI FUZHUANG SHEJI ZUOPIN JIANSHANG

国际服装设计作品鉴赏

第2版

陈 彬 编著

上海市重点学科建设项目资助　项目编号 B601

東華大學出版社

图书在版编目(CIP)数据

国际服装设计作品鉴赏/陈彬编著.—2版.
—上海:东华大学出版社,2012.7
(东华大学服装设计专业核心系列教材/刘晓刚主编)
ISBN 978-7-5669-0103-3
Ⅰ.①国… Ⅱ.①陈… Ⅲ.①服装设计-作品集-世界-现代
Ⅳ.① TS941.2
中国版本图书馆CIP数据核字(2012)第162007号

责任编辑　徐建红
装帧设计　高秀静

东华大学服装设计专业核心系列教材
国际服装设计作品鉴赏(第2版)
陈 彬　编著

东华大学出版社出版
上海市延安西路1882号　邮政编码:200051
网址:http://www.dhupress.net
淘宝店铺网址:http://dhupress.taobao.com
新华书店上海发行所发行　苏州望电印刷有限公司印刷
开本:787×1092 1/16　印张:10.75　字数:320千字
2012年9月第1版　2012年9月第1次印刷
印数:0 001–4 000
ISBN 978-7-5669-0103-3/TS·339
定价:45.00元

序　一

服装产业素来是我国重要的支柱产业。今天的中国不再是世界服装的初级加工厂，已从“中国制造”走向了“中国创造”。中国的服装设计师、中国的服装品牌、中国的服装教育纷纷登上世界舞台，崭露头角。在服装产业繁荣发展的今天，无论是本土的还是世界的服装设计教育格局都出现了很多变革性的因子。产业环境对我国的服装教育提出了全新的要求，既要符合全球化、国际化的趋势，又要坚持本土化的中国特色。

服装设计学科是东华大学的特色学科。作为中国最早设立服装设计学科的高等学府之一，学校以“崇德博学、砺志尚实”为校训，自觉承担起培养我国优秀服装设计专业人才，引导我国服装设计学科发展的重任。中国的服装设计教育从20多年前的借鉴与摸索期发展到如今的成熟与创新期，离不开我校几代服装设计学科专业教师的辛勤耕耘与奉献。

立足中国、面向世界，上海繁荣的都市产业与时尚产业成为我校服装设计学科成长的沃土。秉承“海纳百川、追求卓越”的精神，我校服装设计学科带头人刘晓刚教授领衔，服装学院专家教授共同参与，在全国率先推出了大型的服装设计专业系列教材。此套教材涵盖服装设计的方法、思维、技术、品牌、审美、营销、流行等各个方面，理论与实践并举，内容全面，时代性强。可以说，此套教材凝结并展示了我校服装设计教育精英的集体智慧、敢为人先的创新精神，以及严谨求实的学术风范。

一份耕耘，一份收获。衷心希望此套教材的出版能够对我国服装教育与服装产业的发展有所促进。

东华大学校长

徐明稚

序　二

我国高等服装教育从上个世纪80年代初起始，屈指数来已有20余年历史，作一个形象的比喻，她已经进入一个朝气蓬勃、活力四射的青春时代。细分起来，服装学科有许多分支，在我国大多数设有服装专业的高等院校中，研究生层面有服装人体科学研究、服装工程数字化研究、服装舒适性与功能服装研究、服装产业经济研究、服装设计理论与应用、服装史论研究等研究方向，本科生层面有服装设计与工程、服装艺术设计、服装表演与设计等专业之分。为了表述的方便，我们姑且统称为服装专业。

与一些拥有百年历史的欧美老牌服装院校相比，目前我国的服装专业还只能算是一个新生专业。尽管我们在教学的许多方面是在摸索中成长，在前进道路上遇到不少问题，但是，我国服装教育也因此而有了自己的特色，虽然我们应该学习国际先进的教育理念，然而，教育本身必须注重创新的规律告诉我们：不必事事效仿伦敦、纽约，更毋须言必称巴黎、米兰，在全国服装教育同行们的辛勤努力下，从零起步的我国高等服装教育已经卓有成效地为服装产业输送了大量专业技术和经营管理人才，为我国服装产业的腾飞做出了不可磨灭的贡献。

当然，我们也应该看到，服装教育与突飞猛进的我国服装企业所取得的成绩相比，后者在发展速度和品质提升方面以自己辉煌出色的成果交出了似乎比服装教育更为出色的答卷。在服装进入品牌化时代的今天，服装企业的进一步发展需要相关领域的支持，尤其需要更高水平的服装教育支持。因此，对于服装教育已经取得的成绩，我们不能自喜，更不能以此为由而裹足，必须进一步理顺教学体系，更新教学内容，深化教学内涵，为我国服装产业尽快出现国际有影响的品牌和建立自主知识产权的设计创新体系而培养高级设计人才。

教育也是品牌，特色是品牌的内涵，每个学校办学都应该有其自己的特色，东华大学（原中国纺织大学）是一所以纺织服装为特色的综合性大学，服装专业倚靠得天独厚的国际大都市——上海的服装产业背景，在学校致力于建设“国内一流、国际有影响、有特色的高水平大学”的办学思想指导下，以“海纳百川、追求卓越”之勇气，重视服装学科规律，关注服装产业变革，倾听服装企业建议，广泛开展国际交流，以“根植产业土壤，服务社会需求”为专业教学理念，取得了颇有特色的学科建设成效和经验。为此，作为教育部“服装设计与工程”唯一的国家级重点学科所在院校——东华大学服装学院，深感自身在我国服装产业转型期所肩负的责任，从建设《服装设计专业核心系列教材》着手，进行一系列顺应时代需求的教学改革。

本系列教材集东华大学服装学院全体教师20余年专业教学之经验，涉及30余门服装设计专业核心课程，由我的学生、也是我国服装设计领域首位博士刘晓刚教授担纲主编，整个系列涵盖本科生和研究生的服装设计专业课程，以专业通识类、专业基础类、专业设计类、专业延伸类和专业提高类五大板块构成立体框架，注重每个板块之间的衔接关系，突出理论与实践、模块与案例、现实与前瞻的结合，改变常见的插图画家式的设计师培养结果，重点在于培养学生的创新思维、表现技能和企划操作之完成能力，其中部分教材为首次面世的课程而撰写，目的在于缩短应届毕业生与企业磨合的时间，使他们能够“快、准、实”地成为品牌企划和产品设计的生力军，也能够为毕业生自主创业提供必须掌握的知识结构。

我相信，凭借东华大学服装学院为本系列教材提供的鼓励和保障措施，以及全体编写教师的集体智慧和辛勤努力，也凭借刘晓刚教授多年来一贯严谨的教风、与服装企业合作的成功经验和已经出版10余本教材的业绩，这套系列教材应该是非常出色的。

据此，我很高兴为本系列教材作序，并期待其发出耀眼的光芒。

东华大学服装学院 学术委员会主任

教授 博士生导师

张渭源

目 录

第一章

巴黎时装设计师及作品分析

本章介绍在巴黎时装周亮相的时装设计师，内容大体包括设计师的成长历程、具体设计风格、针对设计作品的具体分析（设计思路、设计手法、设计特点等）。排序以设计师或品牌的起始字母作依据。

第一节　巴黎时装设计师概述

一、关于巴黎

时尚代表着一种生活形式，是时髦的、流行的抑或是一种习惯……时尚到底是什么？谁能够最好地诠释时尚？那就是巴黎！

巴黎是世人公认的"时装圣地"，它的高级订制女装（Haute Couture）在世界上独一无二，其设计、结构、工艺、面料和装饰附件代表着时装设计和制作的最高境界。巴黎是一个优雅与时尚相结合的浪漫都市，是引领时尚潮流的地方，爱美的人们可以在巴黎时装发布会上触摸到时尚的最前沿。巴黎洋溢着浓郁的时尚气息，时装作为一门艺术向来与绘画、音乐相提并论，巴黎人因其上乘的穿着品位而享誉世界。

巴黎是流行之源，世界四大时装周之一的"巴黎高级成衣时装周"源自1910年，每年3月和10月举行。此外纱线博览会、面料展览会、内衣展、时装及便装展、服装及纺织品定牌贸易展、布料展等具有规模大、专业性强、国际化程度高、服务质量好等特点，支撑着巴黎的"世界时装之都"地位。巴黎拥有一流的时装设计与教育院校，巴黎时装学院、法国高级时装公会学校、法国ESMOD学院等都是设计名校。

在每年巴黎的时装T台上，我们可以观摩到世界不同的文化风情，充满俄国情调的华丽皮草、吉卜赛的复古嬉皮、日本的折纸文化……它就像一个时尚黑洞，吸引了世界上可为之所用的各种社会文化元素，设计师用最新的时尚理念诠释着时装设计的新观点、新方向。所以，巴黎的时装永远充满着源源不断的艺术创意，既包罗万象又独具风格，爆发出惊人的力量，驰骋在四面八方。

巴黎是设计师的"摇篮"，它博大的胸怀融各国、各民族、各种文化和艺术所长，在这里诞生了许多令世界沸腾和经久不衰的时装服饰，也因为无数杰出的设计师们的奋斗才开创了它前所未有的辉煌。在巴黎云集了来自世界各地的优秀设计师，他们为有自己有朝一日崭露头角而奔波。除了法国外，有来自欧洲本土的设计新锐，如比利时、荷兰、瑞典、意大利、克罗地亚等国的设计师，他们因其前卫意识和独特理念而在众多不同的品牌担当了主设计师；有来自遥远的东方日本的，如山本耀司、川久保玲等，他们给传统的时装王国带来了新鲜空气，如今在时装之都的巴黎构筑了一道独特的风景线；有来自"时装小国"，如摩洛哥、新加坡、黎巴嫩、印度等国的设计师，他们带来的冲击波不可小觑；这几年在巴黎也出现了中国设计师的身影，2007年马可和谢峰都在"时装之都"亮相，2012年春夏来自中国的刘凌和孙大卫，作为设计总监出现在法国老牌时装屋Cacharel秀场上，可以预见不远的将来还有更多年轻设计师登上巴黎的时装舞台。

二、巴黎时装设计师的风格

1. 巴黎的经典设计师

巴黎与其他时尚之都最大的区别在于巴黎拥有"呼风唤雨"的设计大师以及令人望而不可及的奢侈大牌，大师们赋予时装以美轮美奂的设计、细腻精致的手工以及缤纷夺目的色彩……经典老牌Chanel（夏奈尔）、Balenciga（巴伦夏加）、Givenchy（纪梵希）和Louis Vuitton（路易·威登）都享有简洁典雅的美誉。

由Karl Lagerfeld（卡尔·拉格菲尔德）担纲设计的Chanel简洁却凸显华丽，廓线流畅，他手下的女性年轻娴美；从 1997 年起就由 Nicolas Ghesquiere（尼古拉斯·盖斯基埃）操刀的 Balenciga 精于缝制，典雅与孤傲同在；Christian Lacroix（克里斯汀·拉克鲁瓦）高贵豪华，璀璨夺目；Givenchy 更是高手如云，Alexander McQueen（亚历山大·麦克奎因）、Julien Macdonald（朱利安·麦克唐纳德）以及现在的意大利籍设计师 Riccardo Tisci（里卡多·提西），他们都将 Givenchy 高雅而低调奢华的传统精神发挥至极；Jean Paul Gaultier（让·保罗·戈尔捷）曾担任总设计的 Hermés（爱马仕）精致典雅，超凡卓越；在巴黎时尚界有变色龙之称的 Chloé（克洛伊）有容乃大，大胆起用了不同设计风格的设计师，有风格浪漫的时装大师 Karl Lagerfeld，也有活泼性感的 Stella McCartney（斯特拉·麦卡托尼），亦有充满怀旧情怀的 Phoebe Philo（菲比·菲洛），他们以各式不同风格、特色的成功设计演绎 Chloé 服装。

2. 巴黎的前卫设计师

在巴黎这个展现梦想的舞台上，少不了这么一群设计师，他们诡异奢华，变化多端，每一季发布会都是花招百出，令人没有头绪可又不得不为之惊叹疯狂。

当怪诞前卫的 John Galliano（约翰·加里阿诺）碰上雅致传统的 Dior（迪奥），才知道什么是真正的高贵奢华。John Galliano 那充满了想象力的设计无时无刻不在刺激着我们的视线，他让世界上所有女性华丽的梦境更加璀璨真实。同时 John Galliano 还创办了自己的时装品牌 Galliano，他成功地将古典风格与现代潮流相结合并完美地融入到服装中去，这成了他设计时装中最重要的元素。走隐晦设计风格的 Rick Owens（里克·欧文斯），他的服装以明朗的不对称剪裁，配合简约低调的色彩为特色，模糊了男装与女装的界线，创造出看似时髦简约却又富有年轻朝气的风格。众人皆知的巴黎时尚界搞怪"金童玉女"Jean Paul Gaultier 和 Vivian Westwood（薇薇安·威斯特伍德），他们有一个相似之处便是夸装诙谐且不拘一格。Jean Paul Gaultier 的设计领域完全没有界限，只有不断的创新，充满了前卫、古典、民俗、奇异风格；Vivian Westwood 则是集天真与冒险主义为一身，设计中怪招频出，不循常规。有英格兰"坏男孩"之称的 Alexander McQueen，最著名的设计即是性感又晦暗的流浪主义服装，他的服装设计通常充满了戏剧性，总是让服装界的卫道人士张嘴凸眼、惊吓不已。2006 年，Alexander McQueen 推出面向年轻人的副线品牌 McQ（麦蔻），它比主线产品更年轻，更叛逆，但依旧保持 McQueen 的显著特征。荷兰的双子星 Viktor Horsting & Rolf Snoeren（维克特·霍斯汀和洛尔夫·斯诺伦）也是在巴黎的时装秀上尽显怪诞风格，狂放而大胆，殚思竭虑地把服装带进一个奢华的梦境。他们虽然让人摸不着边际，可是细看服装便能感受到他们的别有用心，高贵的奢华与活泼、舒适的感觉完美结合，自然而优雅，精湛的剪裁令人叹为观止，徘徊在刚柔之间，前卫艺术的风格传递着优美的内涵、高雅的本质。

3. 巴黎的东方设计师

随着人们对民族时尚的日益亲近，世界的各大洲、各个民族纷纷涌向了巴黎这座时装金字塔。在西方人为主流的设计师中，有几个东方面孔的设计师，他们的出现给时装周带来了不小的震动，也在向来以高雅、经典著称的巴黎时装周刮起了一股有力的亚洲风。

1981 年，川久保玲（Rei Kawakubo）带着"从身体到身体"的设计理念来到了巴黎，从那时起便引起了全球时装界的注目。她将日本沉静典雅的传统元素、立体几何模式、不对称的重叠创新剪裁，呈现出很意识形态的美感，就如同她为其品牌——Comme des Garcons 命名一般，创意十足！与川久保玲一同位列"先辈"的还包括山本耀司（Yohji Yamamoto）、三宅一生（Issey Miyake），他们充满东方哲学性的设计风格和不断突破创新的裁剪技巧，向全世界的人们演绎了日本美学中的不规则和缺陷文化，受到了各方的瞩目。有趣的是，在日本设计师中似乎还存在着一根无形的"传帮带”，渡边纯弥（Junya Watanabe）曾在 Comme des Garcons 旗下为川久保玲的助手，现在自创品牌 Junya Watanabe，设计手法较川久保玲更贴近生活。随后，渡边纯弥又力捧自己的学生粟原大（Tao Kurihara）。这种师生情在日本设计界数不胜数。如今，他们都是巴黎舞台上的佼佼者。然而，在 2008 年还有一位年轻日本设计师引起了世界的关注，那就是设计巨人山本耀司的女儿山本里美，她自创品牌 Limi feu，在日本设计师逐渐隐退和交捧之际，这位充满才气的新生代设计师和未来山本集团的接班人，成就指日可待。

除此以外，还包括以演绎经典女人味为特色的品牌 Andrew GN（邓昌涛），它是由拥有四分之一上海血统的新加坡设计师邓昌涛创立。2007 年，中国设计师谢锋以及他的 Jefen（吉芬）品牌、马可和她的品牌 Useless（无用）也参与到了巴黎时装周中。不可否认，自 2012 年春夏掌舵 Cacharel 品牌以来，来自中国的刘凌和孙大卫设计组合已演绎出年轻、时尚、充满活力的现代版巴黎意蕴，其设计潜力日渐显露。来自伦敦在巴黎发展的印度籍设计师 Manish Arora（曼尼什・阿罗拉）拥有鲜明的个人特色，作品放射着奢华的气息，同时注重对色彩的表现。

4. 巴黎的比利时设计师

来自比利时的服装设计师为巴黎的舞台增添了不少光彩。20 世纪 80 年代，熟悉世界服装时尚潮流的人，对“安特卫普六君子”的名号，一定不陌生，因为是他们将比利时推入了国际时尚的前沿。除了 Marina Yee（马瑞那・伊）于 20 世纪 80 年代末期退出时尚界，七年后再回到时尚界重新开始之外，其他五人，现今均已在世界服装界占有举足轻重的地位。如在巴黎舞台上常看到的 Ann Demeulemeester（安・德默勒梅斯特）、Dries Van Noten（杰斯・冯・诺顿）以及后接替 Marina Yee 成为六君子一员，也是其男友的 Martin Margiela（马丁・马杰拉）等等。2012 年春天原本 Jil Sander 品牌的主设计师比利时人 Raf Simon（拉夫・西蒙）掌控 Christian Dior，成为时尚界一大热点新闻。

Ann Demeulemeester 擅长黑白色彩的运用，对织物有独到的理解，设计风格时尚前卫；Dries Van Noten 的服装低调，同时充满了清澈和不安分的元素，就算是一块普通的材质，在 Dries Van Noten 也可以巧夺天工；至于 Martin Margiela，他的设计历练纯粹到可以不问世事，粗大的线迹，微妙的结构，是一个典型的“解构”形式主义。可以说是他们奠定比利时设计师于全球时装设计界不可动摇的独特地位。同样是来自安特卫普皇家艺术学院的还有 Filip Arickx（费利浦・阿瑞克斯）、An Vandevors（安・凡德沃斯）、Véronique Branquinho（维罗妮卡・布朗奎霍）和 Kris Van Assche（克里斯・范阿舍）等安特卫普新军，则一代代捍卫着“安特卫普六君子”的美名。其中 Filip Arickx 和 An Vandevorst 共同创办的 A.F. VANDEVORST（凡德沃斯特）品牌，这个品牌极具优势，针织衫和性感格调是他们的拿手好戏；年纪轻轻即大放光芒的 Véronique Branquinho 擅长将黑、白、灰色系配合经典传统的时装元素，重新演绎成具有古典氛围的沈静时装，多以无色调的用色以及结构严谨的线条来呈现，不过，从她的作品中，往往很难找到一个确切的答案来界定她的服装风格；而 Kris Van Assche 曾荣任 DIOR HOMME（迪奥）的主设计师，他的才华横溢可想而知。来自比利时的“安特卫普人”几乎成为了时装界的一个现象，开始主导世界服装流行趋势的话语权。

在巴黎，每一个品牌都可谓是“身怀绝技”，各具特色，每一个设计师带给巴黎时尚最经典的极致表现，而每一个品牌也给我们呈现出不同且非凡的视觉效果和服装印象。今天的巴黎依然延续着浪漫和奢华的气息，让我们记住传奇、经典、高贵的 Louis Vuitton；富丽华贵、美艳灼人的 Valentino（瓦伦蒂诺），清丽脱俗、高贵典雅的 Celine（席琳）……这是历史与文化沉淀而成的一种态度，或许这就是巴黎和巴黎设计师诠释的时尚。

第二节 巴黎时装设计师档案

一、A.F.Vandervorst（凡德沃斯特）

1. 设计师背景

在20世纪90年代初比利时涌现出著名的“安特卫普六君子”，包括Ann Demeulemeester、Dries Van Noten、Dirk Bikkembergs（德克・比克贝格）、Dirk Vansaene（德克・范沙恩）、Walter Van Beirendonck（沃特・范・拜伦东克）和Marina Yee。他们于20世纪80年代初毕业于安特卫普皇家艺术学院（Royal Academy of Art），1987年六人在伦敦时装周外做出一场令时尚评论家惊叹的前卫服装秀，这是一场“叫醒评论家们”的时尚新体验，因而被英国的媒体冠上了“安特卫普六君子（The Antwerp Six）”的封号。他们以全新的解构理念、具冲击力的前卫街头风格给时装界带来了一袭春风，为比利时时装设计赢得了荣誉。经过数十年的积聚发展，如今这些设计师已在业内占据了举足轻重的的地位。随后新一波设计师逐渐抬头，其中有Martin Margiela、Raf Simons（拉夫・西蒙斯）、A.F. Vandervorst、Véronique Branquinho等。An Vandevorst（生于1968年）和Filip Arickx（生于1970年）与其前辈相似，同样毕业于安特卫普皇家艺术学院，其中An Vandevorst曾在著名的六君子之一的Dries Van Noten公司负责女性系列设计和首饰设计，而Filip Arickx则在另一位的Dirk Bikkembergs手下工作过三年。在短暂的兵役后，两人开始了自由设计师和造型师的工作。1997年，他俩共同组建了“A.F.Vandervorst”品牌——一个由他们名字组成的品牌，在巴黎推出了他们首秀的98秋冬系列设计后，引起媒体和业内的广泛好评。第二季作品即获巴黎时装周为提携新秀而设的“未来设计师大奖”。这一夫妻设计组合还曾为意大利皮革屋“Ruffo Research设计2000年春夏和秋冬两季系列。丰富的设计经验使A.F.Vandervorst品牌成功推向市场，成为广为人知的著名服装品牌，也使A.F.Vandervorst成为比利时新生带设计师的代表。如今他们设计触角已涵盖了鞋、配饰、内衣多个领域。

2. 设计风格综述

A.F.Vandervorst品牌的风格前卫而不失浪漫，优雅不失性感，与时尚节拍相呼应，受到时尚年轻人的青睐，成为有影响力的服装品牌。A.F.Vandevorst的设计一直被评为充满“愁绪”和“个人情感”，事实上，他们的设计经常以表达女性复杂而多变的情绪为主题，通过强烈的对比，展现女性内在的矛盾和向往自由的渴求。作为“结构派”中的实力选手，A.F. Vandevorst通过平易近人却独具匠心的系列成衣，凸显其结构派形象，这也是A.F. Vandevorst在大牌林立的时尚T台上得以立足的杀手锏吧。

二、Akira Onozuka（小野冢秋良）

1. 设计师背景

Zucca（祖卡），原名为意大利文，意思为南瓜，品牌创建者兼设计师小野冢秋良1950年出生于日本新泻县，1973年从日本衫野设计学院毕业，立即加入日本重量级服装大师三宅一生的设计团队担任助理一职。在经过长达十年之余的经验累积与学习研修，1986年首度发表男装系列，三年后(1989年10月)在巴黎发表个人女装品牌Zucca系列，果然大受欢迎，获得法国时尚媒体的高度赞赏而崭露头角，多年来也获奖频频，如8th Mainchi Fashion Grand与1990年的日本FEC大奖。

2. 设计风格综述

Zucca的设计天真浪漫却没有太过花哨的孩子气，简单与自由是品牌的宗旨。小野强调“健康是一种美”的意念，他没有离谱或无法穿着的服装，也没有日本服装一贯的肃静色彩，只是用通常被认为是世俗的元素，把我们带到另一个世界去欣赏他的前卫与流行。即使长期耳濡目染三宅式的风格熏陶，小野所诠释出的时装见解丝毫没有一点雷同相似之处。一幅农夫耕地的风景画中，却激发出日后Zucca品牌的精神主轴。小野认为服装应该是很贴近日常生活，能够轻便穿上街、购物、参加聚会，而非在一次晚宴曝光后，就得打入冷宫，在衣柜中永不见天日。因此他热衷于演绎巴黎新型态的每日穿着，设计风格简单而易搭配，虽是日常穿着的服装，却兼顾新鲜感，传达健康的活力。所以，没有繁复的线条构置，小野以简约的款式，融合着细腻的细节设计和鲜艳色彩，企图藉此让服装成为美好生活的一部份，而且永不厌烦！有别于其他日籍设计师多以肃穆沉静的色彩、解构轮廓的曲线来突显个人见地，小野以大胆活泼的色彩与多元化的材质运用，并来展现他的前卫本性，例如：萤光布料、格子布料，是他重要的创作取材之一。他的设计注重服装的动态表现，常以面料的悬垂感和折叠效果表现出现代廓形。充满少女味的连衣裙、及膝裙都是小野拿手的单品，大方典雅却不失青春本色。他也曾将中国文字，如“桃花源”、“祝君早安”等这些颇有意思的文辞，搬到T恤上玩味。

三、Alber Elbaz（阿尔伯·艾尔巴兹）

1. 与设计师相关的品牌背景

Lanvin(朗万)是法国历史最悠久的高级时装品牌，它开创的优雅精致的风格为时尚界带来一股积淀着深厚文化底蕴的思潮。其创始人Jeanne Lanvin（珍妮·朗万）自小即对于鲜明的视觉艺术持有极高的兴趣，她热衷于采用干净而女性化的色彩，如秋海棠色、淡粉色、樱桃色、杏仁绿、矢车菊蓝等。她深受Fra Angelico壁画风格的感染，并从中古世纪的彩色玻璃中获取灵感，创造了著名的的Lanvin蓝，这也是她本人最钟爱的色彩。在近半个世纪的孜孜进取中，Lanvin凭借自己不盲从潮流的硬朗作风、出类拔萃的艺术涵养、简单利落的剪裁及颜色搭配的深厚功力，赢得了无数时尚人士的追捧。2002年这个传奇品牌由摩洛哥人Alber Elbaz接手，在完美承袭Jeanne Lanvin的优雅经典传统基础上，Alber融合了个人创新和丰富、多变的设计灵感，赋予这个悠久品牌以蓬勃生机。

2. 设计师背景

Alber于1961年生于摩洛哥的著名小城卡萨布兰卡，父亲为犹太人、理发师，母亲是西班牙艺术家。Alber毕业于Shenker College of Texitile and Fashion(申科纺织服装学院)。1986年，Alber到纽约为美国设计师Geoffrey Beene（杰弗里·比尼）工作，1996年他又转战巴黎成为Guy Laroche（纪·拉罗什）创意总监。Alber也曾在YSL（伊夫·圣·罗朗）、Kriza（克丽扎）担任过主设计师，在顶尖品牌的辗转历练，让Alber的思维日趋包罗万象，触觉日趋敏锐，而在摸索过程中融合个人特色的设计风格也初具雏形。他曾被具美国版Vouge杂志总编辑Anna Wintour（安娜·温托）赋予“当今世界三大顶级时装设计师之一”的称誉，更一举捧得美国时装设计师协会（CFDA）“国际设计师奖”的殊荣。

3. 设计风格综述

Alber自担任Lanvin主设计师以后，遵循Lanvin女士于1930年所创立的品牌精髓，设计的衣服简单又不失高贵，奢侈又不烦琐。他誓言“唤醒 Lanvin 睡美人！”已经成为让众人心潮澎湃的真实奇迹。他从不认为自己只是一个时装设计师，觉得自己同时也是个艺术家，不只是在设计一件衣服，同时也是在做一件艺术品。他是裙装大师，裙装的设计功力是首屈一指，华丽的裙袍配以细致的衣领剪裁，黑色天鹅绒制的秀丽长管袖，轻薄飘逸的雪纺长裙，特别有女人味。他设计的有着鱼尾般的拖曳后摆的鸡尾酒会晚礼服、波浪褶连身裙和加上无衬里与特殊绉折抽绳等的制作而成的翩然蓬裙都已成为 Lanvin 的经典款式。穿上 Alber 设计的裙装，顿时增添了几分女人的高贵感。Alber 设计理念十分简单——根据条件解决问题，他觉得时装本身就具有生命，“不是穿着它，而是穿着时与它融为一体”。凭借其对女性万种风情的敏锐洞察，Alber 总能以一个纽扣的多变方式、一件洋装的变化穿法、一朵蝴蝶结的点缀缓缓诉说着他对女人的感受。

四、Andrew GN（邓昌涛）

1. 设计师背景

人才辈出的国际时尚圈，如今有越来越多的亚洲脸孔出现了，不只是日本人在西方设计界独树一帜，有更多的东方人活跃在欧美上流社会中，这其中混血儿 Andrew GN 较为突出。他是东西方风格融合的代表，同时又是简约主义的实践者。

Andrew GN 毕业于自立化政府中学和华中初级学院，后来到英国伦敦著名的圣马丁艺术学院就读，以全班之冠的成绩毕业。1992 年他到巴黎学艺，曾在著名法国设计师 Emanuel Ungaro（伊曼纽尔・温加罗）手下做助手达八个月之久。1996 年他用父亲资助的 4 万元正式在巴黎创业，以自己的英文名字 Andrew Gn 在巴黎创办时装品牌，很快就被视为领导世界时装进入 21 世纪的新秀之一。1997 年 Andrew 被任命为高级时装屋 Balmain（巴尔曼）成衣和饰品的艺术总监。如今 Andrew 在世界各地拥有众多分店，是新加坡服装界至今最成功的设计师，他的顾客包括众多明星，如 Celine Dion（席琳·狄翁）、Gwyneth Paltraw（格温妮丝·帕特洛）、Nicole Kidman（妮可·基得曼）等，此外还有不少的皇室贵族。

2. 设计风格综述

Andrew 善于运用色彩与材料，以绣花、针线细节进行服装创作，这与他深受《红楼梦》的影响有关（据说他 11 岁开始读红楼梦，而且坚持读文言文版的），《红楼梦》里对女性服饰、饮食及心情等细致的描写，对 Andrew 的服装设计有深远的影响。他的设计融入了东西方的文化，旗袍、蒙古式外套等神秘的东方元素在变革中与西方款型与风格进行有机地兼融，组合成另一种奇妙的和谐美，给人以艺术享受。

五、Ann Demeulemeester（安・德默勒梅斯特）

1. 设计师背景

Ann Demeulemeester 于 1959 年出生在法兰德斯的 Kortrijk（科特耐克），曾在著名的安特卫普皇家学院学习时装设计，1981 年毕业。她在 1985 年就成立了自己的公司，1987 年她与另外五位比利时设计师在伦敦时装周以独特的造型和前卫的风格而成名，被誉为“安特卫普六人组”。自 1992 年起她开始在巴黎时装周举办时装展示会，1996 年推出男装系列。

2. 设计风格综述

Ann Demeulemeester 是时装界的数学家，她对立体几何的运用出神入化，以运用不规则设计理论而驰名于世。在她的作品中，几何形的衣片构成随处可见。Ann Demeulemeester 还是解构主义代表，她以流行于 20 世纪 80 年代末 90 年代初的解构主义手法对服装结构进行新的探索，每季作品都可发现设计师的感悟心得，Ann 在 1997 年深获好评的“左倾右侧”拉链时装设计，就是 Ann 所擅长的解构主义风格设计，一种特地营造出的未完成感觉。她的设计是试验性的，常以黑为主，浑融了前卫、中性多种成分，并被描述为在诗歌和摇滚乐的分界线上取得了平衡，美国时装媒体称她为“Ann 王后”。Ann Demeulemeester 的设计常以具有冲突性的元素互相混搭，以实验性的思考对时装进行重新构建，如对面料进行二次设计，通过撕裂、磨旧等手法创造出新的时尚感。她最讨厌造作的设计，那些无谓的花饰、珠链等装饰都被她赶出了局。Ann 擅长运用皮革、羊毛、法兰绒等厚实织物，同时很注重服装的整体搭配。十多年来，她对每件作品都会画出一些细节，上至头发中的羽毛，下到鞋子的款式。

六、Atsuro Tayama（田山淳朗）

1. 设计师背景

田山淳朗 1955 年出生于日本熊本县，1975 年毕业于文化服装学院，获得第 44 界皮尔・卡丹高级时装大奖。1978–1982 年田山淳朗赴法国，在山本耀司的欧洲分公司任总监。1982 年回国后，创建了自己的品牌“A/T”。1990 年至 1995 年，成为法国著名品牌 Cacharel 的首席设计师。1991 年，田山淳朗在巴黎推出自己名字命名的时装设计系列。2006 年被聘为汉帛设计总监。

2. 设计风格综述

大多数日本服装设计师的作品，或者充斥着一些结构古怪的味道，或者喜从和服中汲取灵感。田山淳朗属另类，在他的设计作品中，我们看到的是华丽精致的细节和优雅浪漫的风格。田山淳朗的服装系列中日本元素很少出现，整体风格是西方化的，这是因为田山淳朗在欧洲生活了十多年，西方主流的设计趣味已渗入田山淳朗的思想中。田山淳朗不追求前卫而讲究实用，他能用日本特色面料糅合出欧洲的设计审美，诸如优美的线条造型、典雅的色彩调子，这是在其他日本时装设计师的作品中极其罕见的。为了表现女性的玲珑身段美，田山淳朗的设计注重合体的剪裁线条，以简洁的造型塑造出现代女性的气质。他善于使用西方的设计哲学，在轮廓中玩弄着强烈对比，使西式洋装有着和服的风格。

七、Barbara Bui（芭芭拉・布）

1. 设计师背景

历史上，法国时装设计师是世界时尚的引领者，如 Dior、Chanel、YSL 等，他们经典性的设计风格影响至今。同样是法国设计师，Barbara Bui 属于新生一代，其设计思想、理念与其前辈相比已大相径庭。

Barbara Bui 于 1956 年出生于法国巴黎，母亲是法国人，父亲是越南人。东西方合璧的家庭背景使 Barbara Bui 从小对语言颇感兴趣，高中毕业后进入了著名的法国巴黎大学文理学院主修文学。毕业后于 1983 年，她在巴黎开设了第一家商店多品牌商店 Kabuki，将自己品牌一并销售，四年后，她推出了自己品牌的第一个成衣秀。1988 年，开设了第一家 Barbara Bui 商店，起初她设计走的是古典线路。1999 年，她首次在纽约展出设计系列，并在 Soho 中心地带开设了专卖店，销售大获成功。

Barbara Bui 颇具盛名的是裤子，是基于雌雄同体理念的设计。历经 20 余年的发展，Barbara Bui 除拥有服装系列外，还有同品牌的饰品、香水，甚至在巴黎还有一家咖啡馆。

2. 设计风格综述

Barbara Bui 血液中燃烧着浪漫奔放的火焰——她认为在时装中应该有些好玩的东西，否则就太沉闷了，同时她在时装上又能够采众家之长并予以融合，从而别具一格。从巴黎四区的第一家店铺开始，Barbara Bui 就致力于为自信、自由的新女性设计服装，她的设计简洁典雅，线条清晰，并体现着摇滚风格。由于家庭的多元文化背景，Barbara Bui 的设计孕育着不合拍的娇媚，并调和了各种文化和文明，使她的作品不时体现出这种多元文化的特质。在 Barbara Bui 2012 年秋冬设计中，你可感受中国风纹样与西方 20 世纪 70 年代华丽风格的完美融合。

八、Christian Lacroix（克里斯汀·拉克鲁瓦）

1. 设计师背景

Christian Lacroix 被赞誉为法国时装的代表人物，形容他是一位经典级的设计大师并不为过。Lacroix 总是以鲜艳无比的颜色以及设计风格赢得时尚名流的喜爱，其独树一格的女装概念，创造出另一层面的美丽定义。

Lacroix 于 1951 年出生于法国的东南部风光如画的普罗旺斯省的一个叫 Arles 的小镇，大学期间攻读古希腊拉丁文学和艺术历史，获得硕士学位。1978 年，27 岁的 Lacroix 步入美国纽约大都会博物馆，参观服装历史展览，唤醒了他童年时的梦想，并促使他努力去实现。Lacroix 曾在 Herm é s 和 Chlo é 品牌从事设计工作。1987 年他在巴黎创立了以自己名字命名的高级女装公司，先后于 1986 年和 1988 年两次获得时装界最高奖——金顶针奖。

Lacroix 的设计充满了想象力，处于久远历史长河中的宫廷风格更是其不变的灵感来源。在首次个人高级女装发布会上，Lacroix 设计的一款具有洛可可风格的克里诺林裙，优美的曲线造型衬托了女性的婀娜多姿，当时曾引起轰动。1990 年秋冬展上，Lacroix 推出的主题时西班牙风情的斗牛士形象，将欧洲服装历史上传统细节，如膨袖、束腰、镶饰等穿插于作品之中。在 1993 年秋冬设计中，Lacroix 以 20 世纪初的迪考艺术（Art Deco）和新样式艺术（Art Nouveau）为蓝本，融合了巴洛克艺术，再现了独特的 Lacroix 风格。1996 年春夏时装展，当众多设计师力图营造嬉皮潮时，Lacroix 依然推出华丽的服饰风格，作品选用了抽纱、刺绣、荷叶边、拼接等方法，加上 Lacroix 喜用的绚烂色彩，在当时独树一帜。1999 年，巴黎时装周上，Lacroix 设计的的火焰系列——气势磅礴的晚礼服、18 世纪风格的短上衣、绢网芭蕾短裙……给这次时装秀带来一抹明亮缤纷的色彩。2005 年 Christian Lacroix 春夏女装作品，整个秀场尽显春天梦幻般的精致，刺绣、百分百女人味的蕾丝和大朵艳丽花朵的蝴蝶装饰，以及褶皱裙和银饰均一一登场。2009 年 7 月 7 日，Christian Lacroix 在巴黎呈现了最后一次视觉盛宴，此后因经济衰退而被迫宣布破产。

2. 设计风格综述

纵观 Lacroix 的设计，可以发觉其设计具有戏剧服饰味道，宽大的衬裙裙撑、夸张的蝶型领结、耀眼灿烂的金线装饰，精致高贵的绣花，以及浓郁响亮的色彩组合，这些构成了 Lacroix 独特的风格。在时装样式上，Lacroix 并不遵从于中规中矩的保守原则，而是极尽奢华之能事。在该品牌的服装中，人们可以看到千姿百态的异域风情：原始质朴的眼镜蛇绘画运动；对戴安娜·库柏的崇拜；现代吉普赛人、旅行者与流浪汉的写照……衣料极为华美，常会有出人意料的拼配组合，如再刺绣过的锦缎，毛皮，二次织绣过的蕾丝，东方韵味的印染与绣花，甚至真金刺绣等。是否过于奢侈，是否有悖常理，全不是 Lacroix 会顾忌的事情。作为一名出色的艺术家，Lacroix 会把廉价商店与博物馆、歌舞剧院乃至斗牛士等不同场面不同风情的元素组合起来，因而设计出的服装别具一格。Lacroix 还常从过去的年代中搜寻灵感，模特或影视明星，傲慢高贵或落魄浪荡，都被他巧妙地表现在作品中。20 年来，Lacroix 完美精确地演绎了法式经典的优雅华丽风格，他那精致华贵的装饰、柔软上乘的质料、夸张艳丽的色彩，以及风格独具的剪裁设计，都成为 Lacroix 永远的经典。

九、Dries Van Noten（杰斯·凡·诺顿）

1. 设计师背景

Dries Van Noten 于 1958 年出生于比利时北部安特卫普，家族从事时装零售和裁剪缝制，他理所当然进入了服装领域，1981 年毕业于现存世界上最古老的艺术学院——安特卫普皇家艺术学院。才气纵衡的 Noten，带着熟悉各式织料的双重优势，三度成为 Golden Spindle 的最后决选人，才华备受瞩目。到了 1985 年，Noten 首度在安特卫普的一家小型精品店发表他的个人品牌，随即于 1986 年推出男装系列，并且被评选列入比利时六君子之一，这是时装界对代表着才华洋溢、极富创造力的一组比利时设计师的别样称呼，最重要的，莫过于唤起时尚圈对于比利时的重视，因此，对于推进比利时的时尚走入国际视野，功不可没。而此次的发表，更为 Noten 带来不少订单，带给他首次的订单，其中更有来自于纽约 Barneys 百货的下单，证明他实力无庸置疑。1991 年 Noten 首次在巴黎时装周上举办男装秀，1993 年展出了其首个女装系列。

2. 设计风格综述

Dries Van Noten 执著地追求纯粹的民族风情和前卫的设计理念相结合，在时装界独树一帜。他自出道以来，由浓得化不开的 ethnic(异域) 风貌，到深沉的中世纪哥德调子，再至 2007 年推出的怀旧浪漫风格和带有未来感的设计，都各具特点，而且处理手法愈见成熟。民俗热潮仍未大肆流行前，Noten 所设计的服装，就以浓厚的异国情调闻名，包括 1986 年在伦敦的那场荣获“安特卫普六君子”之誉的时装展。由于自身对于民俗情有独钟，造就了他独一无二的品牌精神与形象。Noten 的设计风格永远是自成一格，不被时尚重镇所左右，而这个特有现象，其实可普遍地从比利时设计师的作品中，嗅到些许蛛丝马迹，亦可算是一种地区上的流行特色吧！

十、Elie Saab（埃利·萨伯）

1. 设计师背景

Elie Saab 是一位近年来受到国际时尚界关注的黎巴嫩设计师，他的礼服设计高雅而性感，是继 Versace 后又一位既保持经典的传统样式但又不失现代潮流、极具女性美感的设计师。他的作品从招牌的黑白蕾丝花边裙摆小洋装，到修长拖地鸡尾酒礼服都呈现出精美的性感气质，准确地传达出优雅的时尚感。

Elie Saab 于 1964 年出生于黎巴嫩的首都贝鲁特，从小显示出对艺术的兴趣。1982 年他在贝鲁特开设了第一家时装屋，整个 20 世纪 80 年代，Elie Saab 在中东地区建立了很高的知名度并拥有了一批忠实客户。20 世纪 90 年代开始，Elie Saab 扩展了时装业的规模，并拓展至欧洲时装中心。1998 年 Elie Saab 在米兰的 Ready to Wear 成衣秀获得巨大成功，大量商业订单纷至沓来。2000 年后，Elie Saab 开始在巴黎时装周上做 Haute Couture 高级女装秀，2003 年 Halle Berry（哈利·贝瑞）身着 Elie Saab 设计的晚装赢得奥斯卡小金人，由此他的设计越来越受到好莱坞明星的追捧，包括 Catherine Zeta-Jones（泽塔·琼斯）和 Elizabeth Hurley（伊丽莎白·赫莉）等，中东皇室如约旦的 Rania（瑞妮娅）王后等也成为 Elie Saab 的拥虿。

2. 设计风格综述

Elie Saab 是位公认的礼服设计大师，他知道礼服的本质，知道应该用怎样的面料和配件为女性创造完美和奢华，这源于设计师对女性优雅华贵形象的营造能力。Elie Saab 欣赏魅力十足的女人，对没有女人味道、有男性化倾向以及态度蛮横的女人则没有设计欲望。追求女性的曲线美感设计是礼服设计师的共同想法，Elie Saab 设计的晚礼服没有过分裸露的低胸，而是恰到好处地凸现性感，那是高贵、完美的表达。如在 2005 年秋冬高级订制设计中，Elie Saab 以 20 世纪 50 年代好莱坞风情为摹本，设计了优雅法式帝政紧身礼服，以及合身而不紧身的低胸及膝套装都呈现出贵气端庄感。

Elie Saab 的裙装设计常以大 V 领的设计露出纤细的脖颈，配合出优美的胸线，加上飘逸的长裙设计着实靓丽。Elie Saab 的设计手法多样，或花瓣式的错落裁剪结构，或层叠组合，或斜裁垂荡，或裹肩披挂，来表现出女性的楚楚动人。他擅长轻薄面料的运用，其晚装大量选用丝绸闪缎、珠光面料、带有独特花纹的雪纺纱、银丝流苏等，以斜裁、皱褶等裁剪手法产生飘逸华美效果。设计师有时还别出心裁对不同色系的丝织面料进行渐变色彩处理，产生幻化效果。Elie Saab 喜用水晶和闪钻装饰，精美的纹样勾勒出服饰精美奢华感觉。

或许受地中海气候的影响，Elie Saab 的色彩观充满了阳光色调，如玫瑰色、金黄等，这在他春夏季发布作品中尽情展露，此外深受女人喜爱的褐色、古铜、酒紅色和松石绿等优雅色彩则是他的秋冬作品的最爱。

十一、Ennio Capasa（伊尼欧·卡帕沙）

1. 设计师背景

Costume National 品牌创建者 Ennio Capasa 于 1960 年出生于意大利南部的莱切（Lecce），父母在当地有个小服饰店，小店对于新潮流极为关注，比如它是意大利第一家销售 YSL 和 Mary Quant 的店铺。Ennio 曾在店内消磨过很多时光，常常被妈妈的那些优雅顾客们所吸引。他最喜欢的一个游戏是想象用不同的衣物去打扮顾客，比如会想："如果她穿的是凉鞋而不是平底便鞋，那么她看上去会更美。"小时候由于受到东方文化的影响，在 18 岁到米兰艺术学院学习之前曾周游日本。毕业后，在 1982-1985 年间赴日本在山本耀司手下受训。1986 年回国后与兄弟 Carlo 合作创办 Costume National。1987 年，结合日本的纯粹主义与街头风貌，Costume National 在米兰推出首场女装发布会，但是反响平平。所以 1991 年他们决定跟随山本耀司和川久保玲到巴黎做秀，受到褒贬不一的各种评论，市场反响很强烈。1993 年，开始拓展男装领域，他设计的男装模糊了正装与非正装的界限，是对意大利传统男装的一次变革。2000 年又增加了包袋、内衣和皮革饰件，更推出以名贵罕有布料设计的 Costume National Luxe 系列。2004 年推出二线品牌：CNC。

2. 设计风格综述

Costume National 揉合东西方的时装设计之精粹，极富现代感的设计以优雅为主导，品牌风格演绎出生活品位，集时装艺术与现实生活于一体。简洁典雅的至优裁剪比例、感性的廓型、精致的中性化风格是 Costume National 品牌的识别符码。

Costume National 品牌的名字起源于 Ennio 所钟爱的一本有关制服的书，因此 Costume National 服装也拥有一种制服般难以抵抗的诱惑。剪裁方面更多借鉴了军服的设计。Ennio Capasa 的设计挑战时装固有模式，其崭新之处永远叫人喜出望外，被誉为带动了“新意大利设计”运动。这位相信自己第一感觉的设计师将自己与最爱的设计工作完全融在一起，他最得意的设计是夹克衫和裤装。Ennio 的设计强调臀部、肩部和颈部，他偏重使用暗沉的大地色系，黑白色、光泽面料、透明面料表现新新都市女郎——性感、锐利、罗曼蒂克、富有战斗性。女西服、军用防水短上衣、紧身皮装、真丝针织衫、牛仔裤都是 Ennio Capasa 的招牌设计。

十二、Marcel Marongiu（马修·玛戈埃）

1. 与设计师相关的品牌背景

Guy Laroche 是一个与 Lavin、Dior 等齐名的法国品牌。“法国、浪漫、高贵、优雅”是我们看到 Guy Laroche 服装的第一感觉，设计师坚持“让高级定制服变成一种摩登的生活必需品，一种简单而时髦、别致的穿着法则。”的设计理念，因此可穿性和舒适度成为 Guy Laroche 时装的一大特色。Guy Laroche 的设计选料着重演绎女性的自然体态美、讲究轻盈舒适，服装剪裁细腻准确，营造出巴黎优雅浪漫的女性高雅脱俗的慑人气质。

天才横溢的服装设计师 Guy Laroche 1921 年出生于法国西部的拉罗切利。最早在曼哈顿经营两年的女帽生意，后曾到法国担任法国著名设计师 Jean Desses（珍·黛西丝）的助手。1957 年 Guy Laroche 在法国创立个人品牌，在巴黎的罗斯福大街 37 号开出自己的第一家服装店，展出的 60 余套惹人注目的作品一夜之间惊闻巴黎，令人惊奇的裁剪和材料、打褶的外套、繁复刺绣、串珠金属花边,展示了服饰的新形象。他见证了巴黎高级时装的鼎盛时期。1960 年,他开拓了成衣线，举行首场成衣发布秀，1985 年秋冬服装系列获得高级衣裳的金针奖项。1989 年 Guy Laroche 辞世后，公司的设计师换主很频繁，先后有 Angelo Tarlazzi 、Michel Klein、Alber Elbaz、Laetitia Hecht 和 Herve Leroux 担任过品牌的创作总监。2007 年，曾于 1989 年在巴黎创立自己品牌并举办发布秀的瑞典设计师 Marcel Marongiu 担任高级女装系列创意总监，新舵手为品牌注入新元素同时，贯彻品牌典雅大方的路线，延续 Guy Laroche 一贯简约而华丽的风格。

2. 设计风格综述

Marcel Marongiu 是一个非常贴近真实生活的设计师，他很重视服装和人体的一致性，强调服装必须穿起来绝对自然，让人体能够自由伸展，并且藉由人的穿着赋予服装精神与生命。Marcel Marongiu 设计的晚装系列贯彻品牌瑰丽优雅的风格，以华丽妩媚的设计配合细致贴身的剪裁，突显女性的动人曲线。休闲服及套装系列的设计流露女性柔中带刚的独立个性，既有男子气的潇洒，又不失女性的高贵。剪裁着重线条美，塑造冷酷硬朗的形象之余，亦呈现性感温柔的女人味。主要质料包括大热的粗花呢绒、软滑弹性的针织布料、飘逸浪漫的真丝薄绸、舒服时尚的混纺布料等，裁制出优雅、富时代感的服饰，凑拼不同的线条图案，营造夺目生辉的效果。

十三、Haider Ackermann（海德·阿克曼）

1. 设计师背景

风行 20 世纪 90 年代的解构主义设计手法在比利时设计师中有众多实践者，其中尤以 Martin Margiela 为甚，而 21 世纪崭露头角的设计新星 Haider Ackermann 是新一代解构主义传人，他具有丰富想象力和高超技术，而今 Haider Ackermann 与其他比利时设计师们正打造出新一轮的比利时时装风潮。

在时装界被誉为新一代设计师的 Haider Ackermann 于 1971 年出生于哥伦比亚首都波哥大，自小被一对法国从商的夫妇领养。从小到大穿梭于埃塞俄比亚、乍得、法国、阿尔及利亚和荷兰等不同国家，自身集结了各地文化交融的背景，这成为他日后创作灵感源泉。1994 年高中毕业后赴比利时安特卫普在皇家艺术学院接受时装设计训练。三年学习后因经济原因辍学，曾在 John Galliano 处工作。2002 年 Ackermann 在好友 Raf Simons 的推波助澜之下，成功在巴黎发表首个时装系列——2002 年秋冬设计，吸引了众多买家和时尚杂志编辑的眼球。两星期后，Ackermann 被意大利皮革制造商 Ruffo Research 任命为设计总监，设计了 2003 年两季作品后，Ackermann 开始专注于自己品牌发展。2004 年获得享有盛誉的瑞士纺织大奖。

2. 设计风格综述

或许有浪迹天涯的游历生活，Ackermann 的作品流露出矛盾的乡愁文化，Ackermann 在设计中常以各类矛盾对比作为构思源泉，如廓形上松紧交替搭配，通常是上松下紧，以透明、具光泽的高科技面料设计出带怀旧或浪漫风格的设计。在他心目中，带点男性阳刚味道的女装最具韵味，也最能展现女性的美，所以他的作品向来以黑及灰调子居多，这在设计师的早期作品中尤其如此。Ackermann 的独到剪裁技艺是其服装的一大卖点，其中最拿手的要属缠绕剪裁，恍如裹布的衣装设计，将女性的身段表露无遗。较之常规的以表现女性性感，如深深的 V 形领或低胸剪裁，Ackermann 的设计表现来得更含蓄且更有味道。Ackermann 钟情皮革材质，这有助于他的服装中性化的表现。他还善于在黑色的织锦面料上，表现出皮革的质感。

Ackermann 手笔下的女性从来都与世俗远离，她们有些离奇的外表下，隐约透露出深层的高贵和性感。Ackermann 认为服装反映生活态度，他力求将高贵与平庸融合，突出作品个性。Ackermann 的服装算不上具可穿性，某些设计甚至难以驾驭，但若说 Ackermann 设计的可观性，应该能挽回不少分数，欣赏他的作品要从剪裁及细节处理上出发，因为这不是叫人一见钟情的品牌，但却是耐看且具潜质的个性化之作。

十四、Hussein Chalayan（胡赛因·卡拉扬）

1. 设计师背景

英国设计师 Hussein Chalayan 是土耳其族人，1970 年出生于塞浦路斯首都尼科西亚，刚出道就以设计可穿性强而又机灵迷人的服装而闻名。比起强势的 John Galliano 和 Alexander McQueen，Hussein Chalayan 更专注于创意性、实验性、概念化的思考，他的设计并不局限于实验，他还将创意与商业有机结合，创作出受市场欢迎的设计。因在材质和观念上独具开创性和革新性，他曾两次荣获英国年度设计师大奖。因在设计上常常上演惊人之举，使他拥有“解构主义的怪才”和“时尚设计的魔术师”之美誉。当 1993 年从圣马丁艺术学院毕业的时候，他将其毕业设计卖给了 Brown Focus 公司。现在，除了他自己的服装系列设计外，他还为纽约的针织公司 TSE 和英国的服装连锁店 Top Shop 设计。Hussein Chalayan 的成功证明，在时装界中，好的、新奇的想法也是一个很好的卖点。

2. 设计风格综述

在 Hussein Chalayan 的设计中，你绝对看不到平庸的把戏，也没有卖弄所谓的“粗劣”艺术。

Chalayan 的作品常常表现的是一种概念，对服装的要求不似一般设计师以美感或迷人为终极目标，而是将设计纳入了雕塑、家具或建筑等其他领域。一切都是以创意为出发点，超越了时尚固有概念，因此作品带有强烈的现代装置艺术和行为艺术理念。Chalayan 的时装秀一向是全世界时尚人期盼的精彩节目，虽然有时候会玩过了头，但是正因为他超越传统的概念，所以总给时装界带来新气象。当越来越多的设计师沉迷于奢华与媚惑时，他却始终保持着自己一贯的设计风格。他开拓出别人所不涉及的领域，相对于时尚，他选择务实，相对于奢华，他选择设计。与其说他是服装设计师，倒不如称他为艺术家更为合适。

1998 年春夏 Chalayan 秀场上，头带面具、瘦骨嶙峋的模特一字排开，从裸体到全幅封裹。1998 年的秋冬系列中，模特唇上被封上了红色的塑料片，或者头被装进一个大的木头盒子里。此外他还进行过许多试验，比如把衣服埋葬在花园里看看它们是如何腐烂的，或者设计出无袖和无袖窿的绷带服装。

十五、Ivana Omazic（伊凡娜·欧曼茨科）

1. 与设计师相关的品牌背景

创始于 20 世纪 40 年代的奢侈品品牌 Celine，以字母组合或搭配两个 C 相连的图案作为标志，这一独特代表巴黎时尚讯号的品牌一向以坚守自己的鲜明风格着称，在华丽与实穿的完美平衡之上，将优雅奉为永恒的主题。1946 年 Celine 以皮革起家，第一家精品店是以贩卖童鞋为主，之后皮件系列也跟着上市。讲究实用的它，一针一线地缝制出如马具般手工精细的产品，受到欧洲上流社会喜爱。到了 20 世纪 60 年代末期，Celine 决定成立女装部，从配件到服装，发展为完整的精品王国。

与 DIOR、LV 等名牌同隶属于 LVHM 集团的 Celine，最讲究的就是“实际”。也就是让华丽与自在共存，优雅但绝不会感到束缚。服装上，除了华丽、实穿外，Celine 赛琳每一季会以三到四个主题，完成一系列的组合，以求让服装到配件，不论在款式、颜色、质感上都能互相搭配。

纽约知名服装设计师 Michael Kors(迈克尔·高斯）从 1998~1999 年秋冬开始，开始执掌 Celine 的设计大权，在法国时尚华丽当道的情势下，成功地融入美式简洁利落的实用风格。为 21 世纪的 Celine 奠定发展的新鲜活力。

2. 设计师背景

2005 年从 Michael Kors 手中接过帅棒的 Ivana Omazic，出生于克罗地亚的萨格勒布，姑妈曾在 20 世纪 60 年代为英格丽·褒曼设计服装，5 岁时 Ivana 就有了做服装的志向。Ivana 从米兰的欧洲设计学院顺利毕业后，在 Romeo Gigli（罗密欧·吉利）开始了她的设计生涯。之后，她先后加入 Prada（普拉达）、JiI Sander（吉尔·桑达）和 Miu Miu，这些经历给予她扎实的工作历练，并使她深深了解作为女性时装设计师的责任和使命。2008 年 Ivana Omazic 完成使命离开了 Celine。

3. 设计风格综述

这位神秘、低调的女设计师对品牌风格的认识极有个性，“Celine 女人是不浪漫的”，在她为 Celine 所做的设计中，从来没有花边和荷叶边等琐碎的小女孩细节，每季的设计都展现了她无与伦比的才华和对品牌精彩绝伦的演绎。与 Michael Kors 时期明星化、张扬的 Celine 形象相比，Ivana Omazic 将 Celine 设计得较细腻，不同于以前的旧有形象，今日的 Celine 女人，是综合性的多面体，她们是有坚强个性的职业女性，她们很活跃，喜欢迎接挑战，而内心的女性化、柔弱、敏感、精致和细腻的一面，又令她们很有女人味。Ivana 的设计集中于裙装，尤其是高腰膝盖以上的套装，这是她所希望的非常现代和实用的时尚。2006 年春夏是她首季作品，陪衬宽底细条腰带的风衣、线条利落的裙装，以及机车手套等配件设计别具风情。

十六、Jean-Charles de Castelbajac（让·查尔斯·德卡斯特巴杰克）

1. 设计师背景

1949 年 Castelbajac 生于法国一个保守的贵族家庭，自幼受到传统观念及文化的约束。1968 年，年仅 19 岁的 Castelbajac 决意做出反抗，他怀抱改变人们穿衣常规的愿望，创造了自己的第一批服装，并展示出了一个具有他自己品牌的设计风格。

1973 年 Castelbajac 的第一个服装系列在巴黎举行，成为当时展会亮点，而设计师本人甚至被时装媒体誉为 20 世纪 70 年代的 Courrèges（20 世纪 60 年代宇宙风貌的创立者）。1975 年 Castelbajac 推出了饱含争议的"耶稣牛仔"（Jesus Jeans）。Castelbajac 的较为著名的时装发布会有：1999 年冬装系列"紧急状态"、2000 年冬季高级时装系列"Bellintellingentsia"、2002 年冬装系列"电气传奇"等。Castelbajac 也是第一个在巴黎开设概念店的人，他的概念店不仅是销售的场所，而且也是展示生活方式的地方，并同时与街头文化融为一体。

Castelbajac 的设计颇具创意，其设计活动包括给巴黎老佛爷百货商店布置店面、替教皇让保罗二世设计服装、设计苏士酒的瓶子和理查德酒的包装、为大仲马笔下的三个火枪手设计戏服等。同时，他还将其设计领域延伸到家具、家居饰品、地毯和灯饰等方面。他还曾获得骑士勋章。

2. 设计风格综述

Castelbajac 是一位怀有童真心境的设计师，他的设计风格大胆、创意无限。具超现实的色彩观（常使用原色）、有激情的印花图案（包括现代绘画艺术运用）、富有幽默情趣的细节表现，都是他的设计标志。他设计了著名的泰迪熊外套、卡通图案套衫、带风帽的粗呢大衣、棉被外套等。他选材独特，如绑腿纱布、渔网、木材、麦秆灯。他的设计充满乐趣，让穿上他品牌服装的消费者喜不自禁。

Castelbajac 是一位深受波普和街头文化影响的设计师，巴黎街头的涂鸦作品方方面面经常在他的时装里出现，每一季新作中都有诸如手绘、炭画、涂鸦等时代元素和流行文化运用，Castelbajac 以自己的语言表现，时髦幽默而充满孩童般的幻想。"我不愿别人把我的作品一眼就看透！"，在过去的 40 年中，Castelbajac 始终不为潮流所动、坚持自我风格，因而受到消费者的狂热而虔诚崇拜。

十七、Jean Paul Gaultier（让·保罗·戈尔捷）

1. 设计师背景

Gaultier 一直以他天马行空的想象力和大胆叛逆的创造力，不断挑战时装设计的传统和极限，不断改变着人们对时装的固有观点。1952 年，Gaultier 出生于巴黎近郊的小镇，从小待在祖母的身边生活，她那装满胸衣的衣柜成为 Gaultier 的启蒙者，并开启了 Gaultier 对时尚世界的憧憬。18 岁时的素描获得了 Pierre Cardin 的注意，获得了跟在著名的未来派设计大师身边学习的机会，也奠定了他日后成为设计师的基础。在位 Jean Patou 工作时，古板、老派的设计观令他厌倦，Gaultier 于 1977 年创立了自己的品牌时，即立下了"要将那些无聊的阻碍一一打破"的誓言。

2. 设计风格综述

Jean Paul Gaultier 的设计破旧立新，常被形容为“恐怖”，他对混合手法的娴熟运用完全超出了服装的范畴，他将回收空罐变成手环，又为缎面马甲配上塑料材料的裤子，彻底打破了时尚圈的种种定律。他的设计没有模式，什么都能作为素材进行构思设计。在具体款式上，以最基本的服装款式入手，加上解构处理，如撕毁、打结，配上各式风格前卫的装饰物，或是将各种民族服饰的融合拼凑在一起，展现夸张和诙谐，将前卫、古典和奇风异俗混融得令人叹为观止。20 世纪 90 年代混搭设计手法盛行，许多设计师都尝试将各种元素做混搭，但大部分只注重外在形式的美丽实践。Gaultier 却深入探究个别元素的底层意义，以朋克式的激进风格，混合、对立或拆解，再加以重新构筑，并在其中加入许多个人独特的幽默感，有点不正经又充满创意，像个爱开玩笑的大男孩，带着反叛和惊奇不断震撼整个世界。Gaultier 另一个颇有成就的创举是突破现代男女时装的传统界线，他的女性服装非常强调性别特征，1990 年 Madonna 演唱会上她那金属尖锥形胸衣成为其代表作；而男装中则加入女性元素，让男模特儿穿上带有刺绣或蕾丝的裙子，他说：“女人有展示自己力量的权利，男人也有揭露自己弱点的权利……关于男性化与女性化的问题，至今在女人身上已经做过太多尝试，相反地，对于男性，在时尚世界该做的事还堆积如山。”

在他的设计生涯当中，他无数次以大胆的创作而叫时尚界哗然。他试过将裙子穿于长裤之外，以内衣当作外衣穿，以钟乳石装饰牛仔裤，以薄纱做成棉花糖般的衣服，总之，用变化万千来形容他的时装最适合不过。今日的 Gaultier 拥有高级成衣系列 Jean Paul Gaultier、高级订制服系列 Gaultier Paris、还有中性副牌 JPG，品牌之外，还大量替舞台剧及电影设计剧服。同时他还是 Hermes 的设计总监，串连起这一切的则是他永不停止的调皮精神，一面不断地对时尚规范发出挑战，一面寻求回归传统的精神，这种混合和不确定性正刻画着 Jean Paul Gaultier 的设计风格。

十八、John Galliano（约翰·加里安诺）

1. 设计师背景

有着英国和西班牙血统的 John Galliano，出生在西班牙的直布罗陀，从小就受到西班牙天主教风格的熏陶，使得他对于巴洛克风格有明显的偏好。Galliano6 岁时移居伦敦移民聚居区的南部，在著名的伦敦的圣马丁艺术学院攻读时装设计，1983 年的毕业设计以法国大革命为设计灵感让他获得了其人生中的第一个大奖，被媒体誉为一位怪才。1995 年，John Galliano 担任了 Givenchy 品牌的设计总监，接着 1997 年（Dior 发布“New Look”50 周年之际）被 LVMH 的主席 Bernard Arnault（伯纳德·阿诺尔特）选中，入主 Christian Dior，并得到资助创立了了自己的品牌。2011 年 2 月由于种族歧视言论，John Galliano 被解除主设计师职位，由其助手 Bill Gaytten 接替。

2. 设计风格综述

在今天商业利益驱动的时装界，John Galliano 是一位不可救药的浪漫主义大师，也是现在少数几个首先将时装看作艺术，其次才是商业的设计师之一。

Galliano 擅长营造宏伟瑰丽、充满幻想的场景。作为一名狂热的探索者，他的激情渗透在每一季的设计思想里，并不断地发展完善而自成一种体系。Galliano 的设计具有经典的地位，他充满戏剧风格的展示洋溢着历史和文化的元素。Galliano 是混搭设计（Mix & Match）的始作俑者，从 Masa 战士、印第安酋长、法国大革命事件、日本艺妓、20 世纪 30 年代的柏林，到各时代文化的元素都会被他融入设计中，经重新构思演变成新的时尚因子。在他的设计中，人们可以看到伊丽莎白时代的高贵质感、西部牛仔的狂放情结、拳坛高手的硬汉形象以及摇滚歌手和皮条客身上的痞子精神，同时还有那么一股浓郁的拉丁风味。追求艺术的 Galliano 从来没有将设计和市场分开过，这两个领域过去一直被人们认为是对“天敌”，但 Galliano 始终都怀抱着“设计的实用性”。

每年，Galliano 为 Dior 设计四场展示（2 场高级成衣，2 场高级订制），此外还有自己的品牌。他具有明锐的设计嗅觉，居住在巴黎跳蚤市场不远，多元独特的人文风景给他无穷的创作素材。此外，世界各地旅行也给他积聚设计灵感，埃及、俄罗斯、印度、日本等都留下了他的足迹。2003 年曾到过上海和西藏，并在日后的秀场上不断演绎中国服饰文化。

十九、Jun Takahashi（高桥盾）

1. 设计师背景

来自日本的设计大师——Jun Takahashi（高桥盾）自 20 世纪 90 年代初出道以来，他一直被视为日本时装界的新希望。2003 年春夏季作品首次踏足巴黎舞台，系列设计技惊四座，立刻被时尚媒体称为自川久保玲、山本耀司后，唯一一位为世界时装带来无穷冲击的日本天才设计师。

Jun Takahashi 于 1969 年出生在群马县，1989 年入读于日本文化服装学院，两年后完成服装设计课程。当年高桥盾在校内读二年班的时候，认识了低他一年级的 Nigo，二人一拍即合，于 1993 年在原宿成立了“NOWHERE”品牌，名字取自 Beatles 名曲《NOWHERE MAN》。1994 年，Takahashi 联同当时创办“AFFA”的藤原浩，正式成立“Undercover”品牌，同年首次以 Undercover 的名称参加了 94/95 东京秋冬时装展。在 1998 年推出立体剪裁“Drape”系列之后，打开了日本以外的市场，扬名时装界。Jun Takahashi 的设计概念十分大胆反叛，抽象、疯狂、不规则、攻击性是对他的解说，所以其产品虽然十分受人注目，但也由于他的另类，始终给人一种高不可攀的感觉。

2. 设计风格综述

Takahashi 给我们带来了与传统服饰审美相悖的时尚冲击力，对于这种令常人无法接受的“病态”风格，Takahashi 曾经说过这样一句话：“我觉得自己是个普通人，但我的内心存在有某些异类的东西。我的作品中，能体现这一点。”是的，服装就是艺术，如果什么都刻意安排，随波逐流，就没有今天我们所见的缤纷霓裳。

Takahashi 深受 20 世纪 70 年代朋克文化的影响，在学生时代他就是日本版的“性枪手”乐队的成员。他擅长营造神秘诡异的 T 台氛围，从黑暗糜烂的世界中获取灵感，将肮脏美学的感念运用到服装中并且发挥得淋漓尽致。在他设计词汇中，充满着无政府主义倾向，各类元素的冲撞对比（撕裂、剥离、面料表面的线迹堆积等）。设计的主题沿用朋克文化的内涵：恐怖、暴力和反叛前卫，如 2001 年春夏设计的一套六个骷髅头闪电腰包套装，成为当时的热门产品；2002 年秋冬的“WITCH' S CELLDIVISION”系列，以魔女、十字架作主题；2004 年秋冬“BUT BEAUTIFUL⋯.PART PARASITIC PART STUFFED”系列，设计师尝试全新概念性系列，延续了其异形怪兽世界观，将烂边及反车骨的缝制融入系列内；2005 年春季推出的“BUT BEAUTIFUL II”系列不再以暗黑异兽作主题，反而灵感来自爱丽斯奇遇记，内脏、骷髅等，一切扭曲的梦境都变成服饰元素。

二十、Junya Watanabe（渡边淳弥）

1. 设计师背景

Junya Watanabe 是日本新一代的设计师，仔细品味 Watanabe 的服装，就有一种震撼思想的视觉和心灵的颤动，使你过目不忘，甚至于流连忘返。

Watanabe 于 1961 年生于日本东京，1984 年毕业于文化服装学院，然后以制版师的身份进入 Comme Des Garcons 的个人工作室，开始他的服装生涯，由于其优异的天赋与耳濡目染的结果，所呈现的作品，令川久保玲本人啧啧称奇，逐渐成为设计首脑。1987 年为品牌设计 Tricot 针织系列，1992 年在东京时装周推出个人品牌系列——Junya Watanabe，一年后亮相于巴黎时装周。Watanabe 师从川久保玲，川久保玲对这爱徒备加推崇，她出资赞助了 Watanabe 的新生品牌，那么他的设计精神也与川久保玲相差不远，不成章法的架构轮廓，不同色系布料的混搭，层叠布料的包裹……但 Watanabe 青出于蓝胜于蓝，他有自己的创新之处和特例风格，若非如此，Junya Watanabe 就没有存在的必要，也不会长驻时尚界。

2. 设计风格综述

Watanabe 的服装就是一幢幢行走在 T 台上的微型建筑，他用建筑的概念来表达女性的优美线条，用极易效果表现的繁复混合法呈现出独树一帜的“渡边风格”。

对 Junya Watanabe 作品进行分析不能忽视无序中有序的剪裁。与她的恩师川久保玲相比，Watanabe 的设计在风格把握和结构细节方面更注重后者。解构主义是 Watanabe 设计的核心，这是他整个创作体系的一个重要方面，他善于将风衣、衬衫、羊毛衫等进行打散，然后重组，构建出新的形象。在 Watanabe 作品中可以看到不成章法的架构轮廓、颠倒错乱的口袋设计、不强调肩线的手法、长度过长的袖子、层层相叠的多层次组合等，而相伴于此的是抽褶、围裹、不对称重叠等裁剪手法。或许出于对裁剪的重视，Watanabe 的设计充满奇特的结构，他的创新剪裁使作品夹杂了建筑设计的效果，而这正是 Watanabe 区别其他设计师的不同之处。

Watanabe 对材质的选用独具慧眼，他的布料表面充满了肌理创意效果，那是设计师精心构思的结果，而这被 Watanabe 冠之以“科学散文”。他曾以糖果色彩的 PVC 设计裙装，用高档奢华的粗花呢设计衣衫褴褛服装。Watanabe 的色彩观不同于川久保玲，低郁低调和大胆斑斓兼而有之，这吻合了他中性前卫的设计风格。

欣赏 Watanabe 的服装，内心是矛盾的。的确，有人说他复杂、前卫，又有人说他是未来派的代表,缺乏可穿性……每一季的服装赞成与反对的声浪都各有消长,可 Watanabe 却表示“尽量简洁，朴实的东西才是最漂亮的。”

二十一、Karl Lagerfeld（卡尔·拉格菲尔德）

1. 设计师背景

Karl Lagerfeld 总是佩戴着墨镜，手拿抓扇、脑后拖着辫子，人们称他为“时装界的凯撒大帝”。他 1938 年出于德国汉堡一个富商家中，养尊处优，童年的他经常随母亲的高跟鞋耳濡目染于高级时装店，顺其自然地接收着时装国度里透射出的无穷魅力。在他幼小的审美哲学中尤为喜爱巴黎的时装，没怎么上过学却在 6 岁的时候掌握了英、法、德三种语言的书写，12 岁时，他早熟地意识到自己今世只为时装而生。1952 年举家移居巴黎，两年后，只有 16 岁的 Karl Lagerfeld 凭借“国际羊毛局设计竞赛外衣组冠军”的称号闯进巴黎时装界，迈出了他时装艺术职业生涯的第一步。Lagerfeld 在 1983 年开始接任 Chanel 设计大权，这位来自德国的设计师，遇上了浪漫的法国女人 Coco Chanel，用他血液里既存的精准与冷静，将 Chanel 重新包装出新世纪的风貌。后来事实证明

Lagerfeld叛逆的天才与特点就与年轻时的Chanel同出一辙，并将Chanel王国领向另一个巅峰。此后，Lagerfeld在1984年创立自己的服装品牌，并持续担任Chanel、Fendi和Chole的艺术总监。1987年Lagerfeld决定投身摄影工作，亲自为自己的设计工作室拍摄媒体宣传册，从此开始担负全部的广告宣传，由于对摄影的热爱，使得他每一次的宣传活动也成为真正的艺术作品。

2. 设计风格综述

一直以来，Lagerfeld擅长利用简约方式表达出都会典雅、时髦的概念以及富现代感的风格，透过布料及材质的优点与特色，进而表达时尚感的独有魅力。这位推动时尚的大师，拥有卓越杰出的设计理念，始终坚持完美的品质，在简洁得体的剪裁设计中透露出利落内敛的独特品位。他可以称是最能领会Chanel时装真谛的男人。从接管Chanel王国开始，他便建立备忘录，着力揣摩Chanel在1939年以前约15年中的全部作品所折射的女性形象。法国路易十四时代的装饰风格、十八世纪洛可可纹饰和浓郁东方风味的日本屏风画，都成为他创作灵感的来源。他的时装总是充满了一种难以言状的情愫和无法拒绝的诱惑力，继承着Coco Chanel的精神内核，却又充斥着属于Lagerfeld"我行我素"的个人陶醉。欣赏他为不同品牌所做的设计，可以体会到他的迷一般的魅力。

二十二、Manish Arora（曼尼什·阿罗拉）

1. 设计师背景

从1998年在新德里首度发布时装秀开始，Manish Arora就被当地新闻界盛赞为印度时装界一颗正在冉冉升起的新星。接着，他成功发布了第二个时装系列作品。2001年，Manish Arora推出了他的第二个品牌Fish Fry，并在印度六个主要城市作展示。2002年，Arora的设第一家旗舰店在新德里开张。同年，伴随着在印度时装周上发布新一季作品，Arora开始了在印度12个城市的零售事业。由于出色的设计才能，Arora屡次在国际上获奖。随后Arora登陆伦敦时装周，并成为最受欢迎的印度知名设计师。2010年秋冬Arora转战时装圣地巴黎，其出色的设计才能为其赢得极佳声誉，2012年具传奇色彩的Paco Rabanne品牌正式委任Arora为设计总监。

2. 设计风格综述

在设计美学上，传统与现代似乎是格格不入，大自然与都市可能难以相容，但这一切在印度裔设计师Manish Arora的时装设计中却能找到相反的答案。

Manish Arora的设计拥有鲜明的个人特色，从一出道他就想证明印度人拥有与众不同的时尚触觉，他的作品提炼了印度民族服饰的精华部分，使之演化为现代时尚感觉，同时没有印度传统服饰的拖沓繁复。Arora的设计也有别于简约，作品中那刺绣精美的服饰图案和艳丽明亮的色彩表现，显露出非比一般的奢华气息。对印度传统服饰元素的时尚解读，这一切都让Manish Arora品牌吸引了众多时尚人士和买家的关注。当然了，这样的服饰设计和妆容表现显然不太适合日常生活，但我们从中体味到的更多是一种超前的时尚理念。

Manish Arora的设计无疑是个大杂烩，其灵感来源广博，尤其喜爱从大自然和周围环境汲取创作思维，设计手法层出无穷，面料裁剪精彩而独特，色彩运用丰富多彩，图案瑰丽多姿，而所有的这些都统一在它强大的生命轮盘之上，没有让人感到乏味和疲劳。无论是孔雀的开屏、蝴蝶的展翅还是蜜蜂的忙碌，点点滴滴感动世界。

二十三、Martin Margiela（马丁·马杰拉）

1. 设计师背景

如果说20世纪80年代的川久保玲掀起了一股前卫风潮，将服饰的前后左右里外加以解构，那么来自比利时的设计师Margiela把这种设计方式更向前推进了一步。

这位比利时人1957年出生，1979年毕业于安特卫普艺术学院，先后在意大利、比利时和法国工作过。他的第一份工作是在米兰从事流行分析，1984年他加入了Jean Paul Gaultier公司，成为其设计师助理。四年后，他成立了以个人姓名命名的工作室。1989年推出了男装系列LINE 10，1998年起推出女装系列LINE 6。

2. 设计风格综述

Martin Margiela一向以解构及重组衣服的技术而闻名，他锐利的目光能看穿服装的构造及布料的特性，然后将它们拆散重组，重新设计出独特个性的服饰。Martin Margiela的服装在表象上体现出一种旧的不完美的完美，即便是那些批量生产的成衣，面料也均经过“做旧”的处理。1997年的一组作品中，Margiela有意保留了打版时在面料上留下的辅助线条，并将不经拷边的线头与缝褶一一暴露在外。

Martin Margiela的品牌分类体系很独特，它秉持其特殊的时尚观点。缝在衣服的卷标都圈上0–23，其中一个数字的布片来示意衣服所属的设计系列：0是起点，意味着设计师1989年最初的精神，是手工复古女装；1为女性时装系列，即解构(deconstruction)设计；4是最有结构性的女装；6是活力的象征，为女性生活系列；10为男装系列；14为有结构的男性订制服系列；11为所有饰品配件系列；13为出版刊物系列以及绝对的白色收藏品；22为鞋子系列。

在解构主义的旗帜下，Martin Margiela大胆地把时装的传统定义进行修改——“谁说衣服破了就要丢掉”，过时的和平淡无奇的衣服经Martin Margiela巧手一改，身价就扶摇直上。这种极具环保意识的概念和独到的设计风格得到了很大的关注，成为一种时尚。

Martin Margiela对时装的理解本身已超出其固有概念，在20世纪末，设计师曾就服装款式和穿着形式进行概念上的大胆解构尝试。21世纪，Margiela仍不懈于他的先锋派的试验，除了环保概念的设计外，更尝试用旧衣架、旧人像模型来陈列其新系列，令人感到惊讶的是其作品背后隐藏着设计师的无穷无尽的想象力。他的创意也远未止于衣服，他那花样百出的秀与静态展示，也颠覆了传统时装工业的常态。他的模特并非专业，没有装模作样的猫步，反倒像极了一个现代戏剧场景。甚至连模特也可以不要，仅仅就是一些与真人等高的木偶，Margiela将时装带往“终极身体”的另一个极端。

不要用常规去看待Margiela，他的独特从他为女人做的系列中可见一斑。三种特色包括Circle、Folding和Cut证明了他的与众不同：Circle将一幅簇新的布或一件解构后再裁成一件圆形的衣服；Folding就是Margiela根据人体来将布料用对褶，然后裁成一件衣服；Cut主要用男装放大，然后将衣服拉长到穿衣者腰部下面，衣服则保留那些有粗砺的质感布边。

神秘的Margiela从来没有在秀场上谢过幕，也少有人目睹过他的庐山真面目，但他的服装仍季季上演，并且引起人们的关注，也许他的秀场根本是他沉醉于玩神秘的最佳舞台，他的奇异设计成为了他神秘的吸引力。

二十四、Naoki Takizawa（师泷泽直）

1. 与设计师相关的品牌背景

三宅一生的设计时而浪漫，时而古典，时而华丽，时而惊艳，变化无常，无拘无束，他总是在一个你无法涉足的范围去展示起不拘一格的风格风貌。三宅一生的设计目的是让穿他的衣服的人从服装结构的束缚中解脱出来，却又表现独特的体形美。

三宅一生（Issey Miyake）于 1938 年出生于日本的广岛，1958 年在东京 Tama 大学平面设计系毕业后，到巴黎服装设计学校深造，曾先在巴黎高级订制服公会学习，奠定了他深厚的剪裁技术基础，后师从名设计师 Guy Laroche 和 Givenchy。1970 年 Issey Miyake 设计事务所成立，开始了他设计事业，1989 年正式推出闻名于世的褶皱衣服。

三宅一生拥有梦幻艳丽的色彩，细密的褶皱，充满东方情意的装饰元素和永远未知的灵感来源，1999 年 10 月，三宅一生将品牌的设计工作交给其助手师泷泽直 (Naoki Takizawa)，自己则专心于 A-POC 系列。

2. 设计师背景

师泷泽直生于 1960 年，毕业于东京桑泽设计学院，于 1989 年加盟三宅一生，并一直接受三宅一生的亲自指导，1991 年担任首席设计师三宅一生的助理，1993 年成为三宅一生男装品牌设计师，1999 年师泷泽直接任了三宅一生设计总监的位置。2007 年师泷泽直离开了公司，并在纽约首次发布了自己的 2008 年春夏同名品牌。

3. 设计风格综述

对设计的整体把握上，师泷泽直沿袭了三宅一生对面料和表面肌理的重视，同时也加入了他所欣赏的音乐、舞蹈元素。他充分展现了三宅一生的观念和理念：特别重视面料所传达的信息、服装线条和织物色调，同时强调内部和外部的造型结构。师泷泽直的服装风格延续了三宅一生的静肃禅意，并且在此基础上找到了自己的目标和方向。

师泷泽直常常通过沉稳、平和的色调，来演绎时尚热力且充满生机的服装，其特有的表现手法，如斜裁贴身裤装、柳条状装饰图案以及细褶、褶边等，能将简洁的裙子和裤装幻化出独特个性，这也是三宅一生所崇尚的时尚哲学。

21 世纪时装界充斥着形形色色 20 世纪 60、70 和 80 年代的风格特征，而师泷泽直所创造出的美感纤细而纯洁，不仅充盈着现代时尚感，而且让人感受到日本独有的具视觉冲击力的创意美学，这种视觉独特而具震撼力，观看 2006 年 Issey Miyake 秋冬系列作品即有如此感受。浅淡灰色调的哑光金属色、深靛蓝、铁锈黄是整场大秀的色彩中心轴，在其中大放光彩。有压花效果的盔甲式紧身胸衣、不规则剪裁的裙摆、大量具有东方风情的晕染图案、折叠包缠得褶皱布料、垂荡的彩色编织绳等，正是这些构成了一个缤纷的三宅一生时装世界。从中可以感受到师泷泽直对服装细节和点、线、面在服装上应有的创意趣味的重视。

二十五、Nicolas Ghesquière（尼古拉斯·盖斯基埃）

1. 与设计师相关的品牌背景

不可否认 Balenciaga（巴伦夏加）在服装界的翘楚地位，这一由 Balenciaga 初创于 1937 年、并在 20 世纪 40 年代曾创造了茧形大衣和球形裙而名噪一时的著名品牌，如今在 Nicolas 接掌后，已脱胎换骨，成为新世纪的时尚风向标。首季推出的“郁金香裙”剪裁结构立刻征服所有的时尚编辑，也替 Nicolas 踏出成功的第一步。Balenciaga 所累积的丰富资源，通过 Nicolas 的精彩诠释，至今为止，没有一季的服装作品是不受好评的。

2. 设计师背景

1971 年出生的法国人 Nicolas，11 岁时为母亲的时装杂志所吸引而设计了若干草图。并没有接受过任何正式的时装设计训练，于学习时期开始在 Agnes B（阿格尼丝）及 Corinne Bocson（科琳·博卡森）参与一些时装上的工作，19 岁毕业后成为 Jean Paul Gaultier 的设计助理。21 岁开始自行设计针织系列。1997 年成为 Balenciaga 主线的设计总监，与创始人 Cristobal Balenciaga（克里斯托瓦尔·巴伦夏加）一样，Nicolas 也拥有一种艺术家的专注，他从来就没有任何张扬，坚持认为：抄袭就是偷窃。所以他的作品，远远超越了肤浅的流行，有时，它们甚至是反流行的。

3. 设计风格综述

喜欢博览群书，对艺术极其敏感的 Nicolas 经常看摄影展，听音乐会，他总希望自己的设计，能带给疲惫的欧洲时尚一场温和的革命。Nicolas 经常在如他所述的坏品位中找寻新的设计意念，他的设计灵感根源于带有过去回忆的东西。那种来自童年回忆的元素——也许是当年看到过或穿过的什么，都可能触发他的灵感，将其解构，再以现代感十足的方式重新演绎。例如针对一件外套开襟的方式是用扣子还是拉链，就可能让他联想起一首早年听过的歌。

由于十分敬仰品牌创始人 Cristobal Balenciaga 对优雅的执着与丰富的创意，Nicolas 对品牌投注了全部的心力。尽管他并没有全盘接受 Balenciaga 早期的流行观念，但是每一系列设计他都会参考 Cristobal Balenciaga 的设计风格，保持品牌的潮流敏感又不失个性。最近几年 Nicolas 的设计明显趋于带有未来感的都市特征，正如他在 2010 年春夏时装秀期间所言"我希望我的设计能体现都市感而不是历史某一时刻"。

二十六、Olivier Theyskens（奥利维·希斯肯）

1. 与设计师相关的品牌背景

虽然具有 86 年历史的顶极时装品牌 Rochas 只能在历史中被提起，但它空前绝后的设计风格，无与伦比的贵族气质在时装史上有着里程碑的意义。Rochas 曾经代表了颠覆、华丽，以及其按身份定制所带来的无以复加的尊贵。

创始人 Marcel Rochas 于 1902 年出生于巴黎，他创业时正逢第二次世界大战，战争延缓了他的事业进程，他的香水线 Madame Rochas 在 20 世纪二三十年代已成为巴黎的名品。二战结束后，Marcel Rochas 迅速发展起来，先是在高级女装的范畴，后又转到自己的店铺和香水生产。他敏锐地觉察到女装成衣将取代高级女装成为服装业的龙头产业，他发明了 2/3 长度的外套，第一个为裙子缝上了口袋，从而影响到此后大半个世纪的顶级女装潮流。Rochas 设计时强调肩部，在他看来，肩是女性特点的缩影，他的设计女性味十足。1955 年去世后，都柏林出生的设计师 Peter O'Brien（彼得·欧布瑞恩）接任设计，做了 12 年。2003 年，美国宝洁集团收购了经营不善的 Rochas，并请来比利时天才设计师 Olivier Theyskens，Theyskens 在短短两年内便复苏了品牌。

2. 设计师背景

20 世纪 90 年代，多名英伦新锐设计师陆续登陆巴黎，取代老一辈设计师而成为多个奢侈品品牌的主设计师。当时间跨越至 21 世纪，英伦风渐渐退潮，而一批比利时设计师亮相登场，Olivier Theyskens 即是其中一位佼佼者。

Olivier Theyskens出生于1977年的布鲁塞尔，1995年进入Ecole国家艺术学院学习。两年后，放弃学业，于1997年8月发布首场题为"黑暗之旅"的个人秀，他的天分得到展现，受到媒体与众多买手的关注，迅速成名。担任Rochas设计总监后，使该品牌成为女明星走红地毯的首选品牌，2006年Olivier Theyskens更获得有"时装奥斯卡"之称的CFDA年度设计师大奖。

3. 设计风格综述

Olivier Theyskens是一个技术派的设计师，他精通裁剪和面料的处理，同时又是配色的高手。他的设计带有哥特风格，又远不止这些。他的作品是现代神秘的、充满激情的，有新颖的裁剪，带有一点点危险、一点点精致，具有梦幻般的效果，他能用细小的变化使服装变得活起来。2003年3月，他受邀担任Maison Rochas（美森·罗莎）设计总监，他尊重品牌深远的法国传统，他深得Rochas品牌的精髓：赞美诗般的蕾丝，粉红色、晚装的精美、正装的一流裁制，同时又加上了自己对新廓型的改进。

二十七、Peter Dundas（彼得·邓达斯）

1. 与设计师相关的品牌背景

艳丽的色彩、丰富的图案、重复的手法……以性感、浪漫绉褶等元素著称的Emanuel Ungaro（伊曼纽尔·恩加罗）品牌，每季设计总让人眼睛为之一亮，其活泼高雅和摩登性感的风格，与多种图案花样的运用为品牌赢得不朽的名气。

Emanuel Ungaro出生在一个意大利移民家庭，1955年22岁的他来到了巴黎，在Courreges工作一年后转到Balenciaga手下，一呆就是六年。1965年Emanuel Ungaro高级时装屋在巴黎创立，他的设计注重艳丽色彩，常以飘逸的透明薄纱、精巧的蕾丝花边、高贵的浮花锦缎展现女性的柔美和娇娆。Ungaro所运用的波尔卡圆点、斑马条纹、各式花纹，及其自由组合已成为时尚经典。1996年Ungaro被Salvatore Ferragamo（塞尔瓦托·菲拉格慕）收购，如今Ungaro隶属于Mariella Burani服装集团。

2. 设计师背景

2006年40岁的美籍挪威设计师Peter Dundas曾先后在JP Gaultier、Christian Lacroix和Roberto Cavalli（罗伯特·卡瓦里）品牌工作过，有着十几年的丰富经验，他赋予Ungaro新潮与经典兼具的面貌。在Emanuel Ungaro2007年春夏的发布会上，设计师Dundas以一种极致的方式展现了全新的Emanuel Ungaro风尚。转战Emanuel Ungaro，设计师融入了从Roberto Cavalli带来的花奇鸟趣和淫逸风格。在纽约攻读时装设计时，Dundas就对Ungaro特别关注，他回忆道："当上学经过Emanuel Ungaro精品店常被印花抽褶裙装所折服，怀疑是否在巴黎大街上行走。"

2009年秋冬Dundas开始执掌意大利名品Emilio Pucci，其擅长的精致、细腻、柔美的设计精髓在设计中继续呈现。

3. 设计风格综述

Dundas秉承了挪威人亲近自然的传统。在木屋中长大的他并没有像有些设计师从历史书本上寻取灵感，而是将视角伸向户外，2007年春夏系列灵感正是来源于蝴蝶，他幻想着步入鸟语花香的丛林中，周围的蝴蝶翩翩起舞。设计师以绚烂多姿的色彩图案、蝴蝶纹样的装饰扣件诠释了Emanuel Ungaro品牌的妩媚特性。除此之外，Dundas还流露出Cavalli的热辣性感表现。Ungaro原本鲜亮的色彩和多元的印花仍然不可或缺，从整体而言，多了俗丽的斑点、豹纹、动物纹样等过度装饰，金属亮片的拼嵌耀眼的几近眩晕。一系列收腰紧身夹克套装，以下是裙摆式的装饰荷边，虽然款式有所收敛，但从颜色的渐次丰盛中彰显了 Dundas 不安分的心思。

自从年轻的设计师 Peter Dundas 接手以来，Emanuel Ungaro 就越来越偏离我们所熟悉的优雅古典风格。但 Peter Dundas 用他的丰富的经验与独特的灵感赋了 Ungaro 新颖与经典兼具的面貌。Emanuel Ungaro 也因注入了 Peter Dundas 这份令人惊艳的新鲜血液，而让那些衷爱耀眼眩目的后起新贵们成为 Ungaro 新的拥趸。

Emilio Pucci 品牌以印花图案及鲜艳色彩而驰名，自 Peter Dundas 入主 Emilio Pucci 后，其设计构思已不单局限于 Emilio Pucci 原有标志性的流动色彩和图案运用，设计更具活力和奔放，廓形更轻松，如 2010 年春夏灵感来自于 20 世纪 60 年代 Capri 岛度假服饰设计，以及 2011 年秋冬奢华嬉皮服饰设计。

二十八、Phoebe Philo（菲比·菲洛）

1. 设计师背景

1973 年出生于巴黎的 Phoebe Philo 在伦敦长大，是圣马丁的高材生，1996 年毕业后先在伦敦设计师 Pamela Blundell（帕梅拉·布伦德尔）那里工作了一段时间，后协助 McCartney 创建新品牌。1997 年，McCartney 受邀担任 Chloé 创作总监，Phoebe Philo 也一同进入了 Chloé 的品牌核心。两人成功的合作使得 McCartney 离开后，Phoebe Philo 顺理成章地成为继任者。2001 年 10 月她为品牌操刀的首场秀在巴黎发布，以 20 世纪 70 年代风行的波希米亚风格将 Chloé 打造成一个清新的充满浪漫情怀的少女，荷叶边、蕾丝花边、泡泡袖、将棉质布料与镶珠亮片材质共同运用，打破日装与晚装的界限，没有了 Stella McCartney 朋克摇滚风的 Chloé，多了几分女性气质。首度推出的窄裤、布满玩味细节的罩衫轰动一时，引得 Chloé 全球 270 个店铺抢货之势。2008 年 9 月 4 日世界奢侈品公司巨头 LVMH 宣布 Phoebe Philo 成为其旗下的 Celine 的创意总监。

2. 与设计师相关的品牌背景

Chlo é 品牌从创立以来，一直以简洁美观、可穿性强而受人欢迎，它相当频繁地聘用各国名师，但品牌的风格框架并未因设计师的更迭而改变多少，一直保持着法兰西风格的色彩特征和优雅情调，飘逸的衣衫线条、轻柔的花卉图案，不时有波西米亚风格的融入，演绎出飘逸浪漫的少女形象。

1952 年法国人 Jacques Lenoir（雅克·勒努瓦）和 Gaby Aghion（盖比·阿齐昂）成立了 Chloé 品牌。在那新思潮冲击旧传统的战后时代，大众化的成衣品牌不断向宫廷贵族式的高级女装传统挑战，并逐渐成为社会的主流时装。Jacques 和 Gaby 两人凭借着对女性时装的新见解和敏锐度，创造出浪漫悄丽的摩登法国时装，扭转了当时僵化古板的女装风格。在品牌发展的岁月里，不同设计风格的设计师都在 Chloé 工作过，如风格浪漫的 Karl Lagerfeld、注重活泼运动感的 Stella McCartney 和充满怀旧情怀的 Phoebe Philo，这几位重量级的设计师使品牌始终处于叫好又叫座的世界一线品牌地位。1963 年 Karl Lagerfeld 被聘为品牌总设计师，他不负所望，延续 Chloé 的浪漫轻柔风格，并重新定义了波希米亚风格，令 Chloé 成为 20 世纪 70 年代最受时装迷欢迎的品牌。1992 年，Karl Lagerfeld 回巢出掌创作总监，再次带来惊喜，为裙子渗入不少嬉皮元素。1997 年，Stella McCartney 继任创作总监一职，她才华横溢，想像力丰富，为浪漫主义的 Chloe 成熟衣服增加了一点玩味，在轻纱罗布掩映下，令衣裙看起来更活泼性感。2001 年，Stella 离开单干，其助手 Phoebe Philo 接任创作总监，她延续 Stella 的设计精神，以轻逸、年青、活泼再加三分怀旧为品牌

风格注入新的内涵。

3. 设计风格综述

Phoebe Philo 擅长从生活的每一点滴中寻找灵感，日落、日出、骑马、爱心……这些都给予她无穷的创作源泉。她的设计被认为是“高贵、浪漫和充满法国味”。Phoebe 腼腆和浪漫的性格使她处事十分低调，与生俱来的创作天赋使她在 Chlo é 功绩显赫，她设计的印上特别诗句、水果及动物图案的 T 恤和长裤系列是品牌最畅销的单品。独力承担的二线品牌“See by Chlo é ”的设计，尽性表现了她的设计风格，以 20 世纪 70 年代为设计蓝本，将浓厚的民族色彩加入，运用珠子颈链、刺绣织花图案及渐变色彩等元素串联的系列，让人感受到那股年轻奔放的情怀。

二十九、Rei Kawakubo（川久保玲）

1. 设计师背景

与三宅一生、山本耀司、高田贤三同时代的川久保玲同为 20 世纪 70 年代日本时装的先锋代表，他们在世界时装舞台上展示了日本的民族风格和前卫的设计理念，给人耳目一新的感觉，不仅在巴黎时装引起轰动效应，更成为东西方文化新一轮的融合、创新。川久保玲并没有受过时装设计方面的专业训练，但她视角独特，创意极具爆发力，因此被誉为可与英国 Westwood 相提并论的先锋派伟大设计师。

川久保玲 1942 年出生于东京，曾在东京草叶大学习哲学，毕业于庆应大学艺术系，1969 年川久保玲便在日本开始她的设计生涯，成立自己的品牌“Comme Des Garcons”。1975 年在东京作首次女装发表会。1978 年再推出男装系列。1981 年，正式走入国际，于巴黎发表她一次的 Collection，使传统保守的欧洲流行圈引起一阵哗然与议论纷纷，次年更以有名之乞丐装概念引领当代的流行先锋。

2. 设计风格综述

Rei Kawakubo 才是川久保玲真实的名字，这位国际级大师，始终不以她的名字来挂牌，而以一贯的 Comme Des Garcons 作为品牌的唯一称号，法文意思是“像个男孩”，刚好说明她设计风格长久以来所呈现的中性色彩。川久保玲的的服装完全打破传统服装中规中矩的限制，而让整体的线条不再以人体为架构，呈现建筑或雕刻式，用布料塑造突起块状的立体感；服装不再拘泥于功能性的讲究，更侧重表现艺术感受。

川久保玲是解构主义的实践者，这种在 20 世纪 90 年代大方异彩的风格冲破传统思维限制，创造出新的服装形态。川久保玲设计拒绝遵从一般公认的轮廓和曲线造型原理，创造出一种戏剧化的，全新的风格，如从上到下的口袋、夸张的肩部、超长的袖子、毛线衫裂口处理、拆装、翻面或重新拼接夹克、将羊毛开衫翻过来配上粗犷的肉色编织玫瑰等，其中渗入了诸多解构主义的理念。川久保玲的设计也兼有日本式的典雅沉静，她常结合了立体几何的不对称重叠，以利落的线条与沉郁色调，创造出东西合璧的效果。川久保玲的设计有两个关键词：不收边处理和缝制线裸露——典型的解构主义。另一创举则是将黑色带入主流色系，在当时，黑色是属于葬礼的专属色彩，而川久保玲并不有所芥蒂，反而大量运用，到如今，黑色已成为流行色系里永不凋零的长青色彩。

三十、Sonia Rykiel（索尼亚·里基尔）

1. 设计师背景

一头蓬松的红发是Sonia Rykiel（索尼亚·里基尔）的标志，她是时尚界的红发魔女，苍白的面孔与艳红的双唇仿若魔女一般有个性。

1930年Sonia Rykiel生于法国巴黎，她没有受过正规的时装教育，童年时代橱窗里时装给她很多熏陶，在新浪潮思想蓬勃发展的20世纪60年代，还处于怀孕期间，Sonia Rykiel就开始着手自己的服装事业，从事零售生意的丈夫给她很大帮助。1968年的5月Sonia Rykiel在巴黎左岸Grenelle大街开设的她的第一家专卖店开始，Sonia Rykiel富于创新精神的设计大受欢迎，同年被美国的《Women's Wear Daily》杂志冠为“针织女王”称号。1985年Sonia曾荣获法国政府荣誉勋章，20世纪90年代她更被日本女性推崇为“女性主义”偶像。

如今Sonia Rykiel王国掌舵设计兼管理者是Nathalie Rykiel（Sonia Rykiel的女儿），2011年还任命了毕业于伦敦中央圣马丁学院的April Crichton为创意总监。Nathalie Rykiel于1975年加入了这个品牌世界，是她母亲20年来最亲密的合作伙伴以及顾问，在设计上深受母亲的影响，同时通过Nathalie的新思路促成了公司的进步和发展。

2. 设计风格综述

Sonia所设计的针织服装具有柔和、舒适以及性感兼具的无限魅力，传统甜美中，带点火辣的感觉。思想非常跳跃，她的设计充满了巴黎女性所追求的浪漫、新鲜的特质。红发魔女代表了文艺气息浓重的左岸女性，她所创造的是永不褪色的巴黎风格。

几十年来，Sonia的天赋在服装设计中得到了淋漓尽致的发挥，她发明了把接缝及锁边裸露在外的服装，去掉了女装的里子，甚至于不处理裙子的下摆。在她每季的纯黑色服装表演台上，鲜艳的针织品、闪光的金属扣、丝绒大衣、真丝宽松裤及黑色羊毛紧身短裙散发出令人惊叹的魅力。Sonia Rykiel是条纹的忠实粉丝，由20世纪60年代开始至今，品牌推出的简洁黑白格子一直散发诱人的吸引力，连品牌的彩妆及护肤品的包装也可见其标签式条纹图案。

Sonia Rykiel特立独行的性格在其服装中展露无疑，她决不盲从所谓的主流。回溯到这位“针织女王”在20世纪70年代设计她的第一件贴身的毛衣时，许多人不赞同，但她还是做了出来，结果这个直觉的坚持不但让Sonia Rykiel创造了无数洋溢着都会性感、强调自由搭配的时装，更成功造就了Sonia Rykiel充满了女性特质及无限浪漫的Sonia Rykiel精品王国。此外相信“黑就是美”的Sonia Rykiel，将黑色的性感与干练发挥的淋漓尽致，使女性特有的温柔、慧黠、神秘散发出蛊惑诱人的吸引力。

三十一、Stefano Pilati（斯特凡诺·派拉帝）

1. 与设计师相关的品牌背景

2001年，世界时装界有一件大事引起万众瞩目：法国时装设计大师Yves Saint Laurent举办了告别时装舞台的时装表演，盛况空前。在众多设计师中能有此殊荣的恐惟有YSL莫属。YSL是一位伟大的设计师，他创造了一个经典优雅的法国品牌，自1957年开始，他设计的喇叭裙、梨型自然褶饰、嬉皮装、中性服装、透明装等无不成为时尚的宠儿，并使女性重塑自信。YSL是一位艺术家，拥有艺术家浪漫特质，他常将艺术、文化等多元因素融于服装设计中，汲取多元而丰富的灵感，使他的服装拥有不一般的神韵。YSL对于色彩拿捏精准，敢于挑战世俗，YSL堪称法国时尚代表人物。毫无疑问，YSL 是 20 世纪最有影响力的设计师之一。YSL 品牌在 20 世纪 90 年代先后由 Alber Elbaz 和 Tom Ford 接手设计，风格由精致高雅转向简洁实用，2004 年开始由 Stefano Pilati 担任创意总监 ,2012 年秋冬季结束后由 Hedi Slimane 替代。

2. 设计师背景

1965 年 Pilati 出生于意大利米兰一个时尚世家，Stefano Pilati 在服装设计上颇有才情，小时候曾以两位姐姐的时装杂志为灵感替姐姐设计了草图。这位颇具绅士风范的意大利人在 20 余年的设计生涯中，曾先后在 Cerruti、Armani、Prada 和 Miu Miu 品牌工作过，历经各类风格的洗礼，2000 年成为 YSL 成衣系列的女装设计师，直至 2012 年秋冬完成最后一季设计离开 YSL 公司。

3. 设计风格综述

凭着对织品的专精品位，加上承接 YSL 高级订制服对细节精致度的要求，Stefano Pilati 使得 YSL 成衣自有一种贵族气度。在 T 台时装的设计中，Stefano Pilati 加重日装、休闲装的比例，使 YSL 的形象更加全面而轻松了。虽几经变换，YSL 服装自始至终都是追求艺术感、高品位、精细，最大限度的体现出女性美。

三十二、Vanessa Bruno（凡妮莎·布鲁诺）

1. 设计师背景

与法国设计师凡妮莎·布鲁诺同名的品牌 Vanessa Bruno，被巴黎时尚界誉为代表法国优雅、精致时尚风格品牌的接棒者。近几年里其品牌声势相当凌厉，单凭 Vanessa Bruno 在时装杂志的曝光率，就可知她已红遍日本。

设计师 Vanessa Bruno 于 1967 年生于法国，母亲是 20 世纪 60 年代丹麦名模，意大利裔父亲曾创立了针织时装品牌 Emmanuel Khanh。自小就生活在时尚界中的 Vanessa 自己也做过模特，但很快就厌倦了这种生活。15 岁时，她来到法国，在巴黎的时装品牌 Michel Klein、Dorothee Bis 作设计助理，这一段时间的工作这为她积累了宝贵的设计经验。24 岁那年，自学成才 Vanessa 创立了自己的品牌 Vanessa Bruno，并在巴黎时装周亮相，很快在巴黎和日本开设了专卖店。现在，Vanessa 不仅在日本已颇负盛名，在中国以及韩国、新加坡也受到越来越多的关注和追捧。

2. 设计风格综述

Vanessa Bruno 的设计简单、舒适，带有男性服装特点；同时追求 20 世纪 90 年代女性的个性和独立，体现出现代女性的自信。

出生在巴黎、生活在巴黎的 Vanessa 醉心于这座城市的活力和无穷无尽的灵感，对高级时装并不是太感兴趣，她更喜欢设计舒适、易于穿着的便装。她设计的成衣多源自于大自然，清新而优雅。Vanessa 的服装多以天然的棉质、细亚麻和真丝作为材质，因此都有着温暖的手感。Vanessa 在设计中有创新和实验精神，她经常在时装秀和时装中借鉴其他的艺术形式，如电影、摄影、建筑等。Vanessa 的服装是为不喜欢造作的女性设计的，她们更关心服装的细节、舒适性和品质，Vanessa 希望每件作品都能体现穿着者的气质，成为整体风格的一部分，而不仅仅只是一件服装。Vanessa 喜欢在简单中营造变化，简单的连衣裙、短袖上装等常规款式，她只在领口、袖口、腰间加上些独特的细节变化，马上就会使它们鲜活起来。Vanessa 每年推出亮片包，就是在一个典型，她用热潮亮眼的亮片织带与各种颜色和材质的帆布包组合，每次推出都引起抢购热潮，席卷全球，让人不由地感叹金发美女的设计魔力。

三十三、Véronique Branquinho（薇罗尼卡·布朗奎霍）

1. 设计师背景

Véronique Branquinho于1973年6月6日出生于比利时的Vilvoorde，孩提时代曾希望成为一名芭蕾舞演员。她在高中时学习了现代语言，但很快发现这不是她想做的。14岁时，正置“比利时六人组”风头正劲之时，使得热爱时装的她觉得时装T台变得很近，这激起她的时装热情，转到圣徒卢卡斯学校学习艺术，她先选择了绘画作为她的专业。1991年又去安特卫普的比利时皇家美术学院(Royal Academy of Fine Arts)学习时装，1995年毕业后曾在比利时的一些商业性品牌中做设计，一直计划开创自己的事业。1997年10月她在巴黎的艺术画廊中展示了其第一次的Collection，这次展览吸引了许多国际媒体和零售商，使她的时装秀提上日程。1998年她的第一次时装秀在巴黎发布，2003年秋冬季又开始了她的男装系列。1998年10月，她获得VH1“最佳设计新人”奖，同年与Raf Simons一起应邀为意大利皮革公司Ruffo Research设计女装系列。

2. 设计风格综述

Véronique Branquinho以净色为主设计服装，以细节点缀凸显个人风格，被称为“单色浪漫主义女神”。她讲求精致细节设计，以繁复而利落的剪裁及细腻的针织法，设计出多款针织上衣、半截裙和连身裙。她的服装能展现出低调又带点复古味道的性感情怀，尤其那些看似松身的纺纱上衣，神奇的剪裁及若隐若现的质料，更能凸显女士轻盈柔弱的身段，也彰显设计师的设计意念及高超的剪裁技术。

Véronique Branquinho向来最讨厌别人说她爱做中性服饰，对她而言，服饰是充满趣味的拼贴游戏，不是非黑即白的死板定律，她所理解的性感不是胸部和大腿的裸露，而是极度精致中的女人味。她的服装不哗众取宠，她的漂亮设计讲求实用性和功能性。她常用暗哑的色彩、男装的裁制手法以及街头风貌来调和女性化的面料，如蕾丝、雪纺和缎子，表现含而不露的性感。她的服装一直在男子气、女性味，女孩气和女人味当中寻求平衡。女性内心的丰富复杂、情感的变化多端一直赋予她灵感，她会在各个房间放上便条本，随时记下转瞬即逝的思想火花，这些亮点成为她设计的源泉，她习惯在每场秀前，首先是构思一个款型，然后往里面填充细节。她最中意的设计是一款名为“毒药”的裤装，成为她服装中经典款。

三十四、Véronique Leroy（薇罗尼卡·里洛伊）

1. 设计师背景

提及现代比利时时装设计师，如Martin Margiela、Ann Demeulemeester、Dries Van Noten等已脍炙人口，他们在设计中体现出的设计观念代表着当今世界时装设计发展趋势。事实上，比利时时装设计也是多元的，Leroy即是其中一位风格鲜明的设计师。

Leroy于1965年出生于比利时的工业城市Liège，19岁时Leroy决定向时装业发展，遂移居到巴黎，那时她的许多同胞都在安特卫普皇家艺术学院求学。到法国后，她先在一家工作室从事设计，后跟随当时巴黎著名设计师Azzedine Alaia和Martine Sitbon工作。1991年推出她的个人品牌，她那裁减精良的高腰裤和设计时髦的缎质衬衫在当季就得到了评论界的好评，其秀场被称为“本季最富有创意，最有前途的秀”。Leroy以她独特的方式在时尚丛林中穿行，陪伴她的是最亲密的合作伙伴——Inez van Lamsweerde和Vinoodh Matadin摄影组合，他们每一季为Leroy出谋划策，同时创作品牌的形象。2001年，Leroy受邀担任Leonard的设计总监，这是一个以印花出名的品牌，足见Leroy在图形上的天赋。

2. 设计风格综述

Leroy的服装性感、简单、纯净，不落俗套，可穿性强，既有女性化的典雅，也有强烈的时尚风格。无论什么类型的服装，柔和的、刚毅的、职业的、休闲的，在Leroy的塑造下都烙上了她的个人风格，传达出其所要表现的女性形象——冷静、高贵、成熟，这种形象在现代社会中被广为欣赏，从而使其品牌拥有了众多的追随者。

在法国的生活使这位比利时设计师继承了法国的浪漫，其设计带有强烈的女性味道，同时受到20世纪80年代迪斯科文化的影响。Leroy能将性感及优雅完美地结合，融入自己的风格并塑造出一个人所共知的强有力鲜明形象。Leroy在设计中更注重裁剪、造型和风格，而不是装饰，高腰裤和绸缎衬衫是她的标志性设计。这位有着"时装变色龙"之称的设计师认为赋予服装灵魂是设计中最令人兴奋的事，她能从一些意想不到的题材上发掘灵感，如摔跤选手、"查理的安琪儿"等，她擅长运用变形的结构、微妙的性感、各种时髦面料的重叠来打扮女性。她的秀场风格也是独树一帜，1991年的首场秀场地看上去如同一个战时的地道一般，而2007年的秀场同样令人惊叹，在巴黎小皇宫中的秀被布置成一场装置艺术，模特穿着最新款的Veronique Leroy站在白色高台上依靠支撑杆，俨然一副"纯属木偶"的态势。所有来宾可以在模特之间来回走动，从各个角度来欣赏服饰，摄影师也可以更近距离的拍摄。

三十五、Victor & Rolf（维克特 & 洛尔夫）

1. 设计师背景

西欧小国荷兰素以涌现众多画家而闻名于世，从古典风格的伦勃朗，到现代绘画的凡·高、蒙德利安等无不是掷地有声。相对于对于纯艺术绘画，荷兰的设计水平则逊色不少，然而时装设计组合Victor & Rolf多少改变世人对其时装设计的看法，这对年轻的设计组合独辟蹊径，在服装的造型结构上大胆构思，创造出区别于其他设计师的时装，在享有创意无限的时装王国巴黎崭露头角，将独特的新荷兰时装概念成为时尚美学，震撼整个时装设计界。

Victor & Rolf由Victor Horsting和Rolf Snoeren两位荷兰天才设计师组成，两人都出生于1969年。两人相识于共同求学的荷兰顶尖的Arnhem艺术学院，1992年毕业之后奔赴巴黎开创自己的事业。1993年，两人凭借一组超大尺寸的白色服装赢得一项发掘年轻设计师的大奖。他们的首场秀于1999年秋季在巴黎发布，一举成功，被认为是高级时装最炙手可热的设计组合。Groninger博物馆极其欣赏他们的作品，于1998年至2000年展出他们的作品。随着时间的推移。Victor & Rolf的设计愈发成熟，他们不仅设计价值连城的博物馆展品，更开始进军有商业价值的成衣业。2006年，他们首次试水成衣市场，为H&M设计了一组服装，其中包括极为成功的廉价婚礼礼服。

2. 设计风格综述

Victor & Rolf两人的形象都更像是IT界的精英，两个独立的个体组成一个设计品牌本身就是一件罕见的事情，但两个却可以在风格与造型上达成如此共识，这种默契不能不令人惊叹。在时装界，也许Victor & Rolf是唯一一家可以鲜明地将我行我素的风格成功挑战时尚极限的品牌，其创意一直游走在艺术和时装设计之间，赋予时装以反传统的定义，并带有强烈的后现代主义倾向和实验性质。设计师的最可贵之处就在于创新的想法，Victor Horsting和Rolf Snoeren一直本着满足人们对于无限的追求进行创作与探索分析，但两个人的这种夸张又有别于 John Gilliano 的戏剧效果，因为 Gilliano 属于成人童话的行列，而他们在各式各样的飘带和蝴蝶结中窥见的是独属于童年时才有的梦。他们的设计拥有法国式浪漫，包含传统精湛工艺和优雅情调；又有美国设计师的利落线条，设计简洁，无过多细节处理；更难得的是他们有意大利设计师的大胆创新，是比较理性和具内涵的构思。他们就是以新奇的创意、浓烈的实验色彩和骨子里的 Couture 情结让人们领略到主流时尚以外的另类精彩。

三十六、Yohji Yamamoto（山本耀司）

1. 设计师背景

山本耀司 1943 年生于日本横滨，1966 年毕业于庆应大学法律系后，于 1966 年至 1968 年期间，在日本东京文化服装学院学习时装设计开启时装设计生涯，1968 年获装苑奖并得到去巴黎学习时装的奖学金，两年后从巴黎深造回国。1972 年，山本成立了自己的品牌成衣公司，四年后在东京举行了第一场个人发布会。1988 年在东京成立山本耀司设计工作室，同年在巴黎开设时装店。

2. 设计风格综述

很难找到贴切的语言来描述山本耀司的服装，因为他的服装充斥着一种丑陋的完美。在服装设计领域里，山本的风格比较独特，有点宁静又包含一点孤寂，抽象又不失谨慎。在长长的设计生涯中，山本努力以来自东方的眼光来表达对现代服装的理解，通过长期对流行服装的探讨和研究，山本逐渐形成了自己的设计语汇，并得到了世界的认可。

山本耀司的设计融合了东西方的着装理念。山本耀司从传统日本服饰吸取灵感，以和服为基础，通过层叠、悬垂、包缠等工艺手段形成一种非固定结构的着装概念，表现出具有现代意识的前卫服装。西方的观念是以紧身的造型来体现女性曲线美感，是三维的，而他的作品以两维的直线裁剪为主，形成一种非对称的外观造型，这种别致的手法是日本传统服饰文化中的精髓，它不同于西式的立体裁剪。山本耀司的作品没有一点矫揉造作之感，却显得自然流畅。山本耀司的色彩观更多体现出日本文化的精髓，他的设计大多以黑灰色为主，以不同表面肌理效果的质料表达东方审美情趣，其中也透出丝丝禅意，所以山本耀司又被誉为来自东方的哲学家。由于色彩的凝重感，因此山本耀司的作品散发出浓浓的中性感，只是他的设计更体现东方味。

山本耀司还将设计概念外延扩展，材质肌理美感取代了占据时装设计领域多时的以装饰为主的设计手法，运用材质的丰富组合来传达时尚的理念。在山本耀司的服饰中，不对称的结构屡见不鲜，他厌烦服装穿戴规规矩矩，以时装来反时装是他擅用的表现手法，呈现在我们眼帘的是一种以破碎和缺陷为基调的服装魅力。因此解构主义成为山本耀司主要的设计风格，这种流行于 20 世纪 90 年代的风格在其他日本设计大师的作品也有表现，但山本耀司更喜欢将日本传统服饰进行解构，进而创造出全新设计。

第三节 巴黎时装设计师作品分析

1、A.F.Vandervorst（凡德沃斯特）

此款上装款式简洁，无袖的马甲与圆领T恤结合，别具朋克风格的黑色链饰装饰格外抢眼，将原本空旷的纯白色点缀出一些嬉皮的轻松幽默。精心布局的褶裥凸现出有夸张外轮廓的手帕裙，裙身剪裁利索干净。设计师运用繁简对比，在造型、裁剪、布料、装饰上动足脑筋，从而传达出设计师所要表达的意念。（左图）

每季 A.F.Vandevorst 的最新设计，你都可品味出品牌独具的时尚魅力。粗针大衣在侧开领形上形成不规则的层层堆砌，这是整款设计重点，在视觉上别具冲击力。袖口的翻折与领部处理相呼应，并加重了服装的粗犷质感表现。宽松、舒适的长袍结构在腰间以束腰处理，带出几分轻松随意的休闲感觉。一抹艳丽的红色从密实的大衣底端窜出，与大面积的灰色相衬格外显眼明亮，仿佛一下子点亮了沉寂的冬季。这种设计手法正是设计师所要传达的 A.F.Vandevorst 设计内涵，即传统和现代、平淡和惊艳本为矛盾因子互为交替。（右图）

2、Akira Onozuka（小野冢秋良）

整款呈帐篷式上紧下松自由张开。高腰结构、沿胸线至两侧自由排列的荷叶边散发出浓浓的新浪漫主义倾向。具有浪漫色彩的荷叶边沿胸线至两侧自由排列，不对称的结构将裙摆随意垂荡，使服装带点小公主的骄蛮，又透出一股成熟女性的优雅。领口呈圆形结构，以珍珠缀边，细致高贵又不落俗套。黑色胶袋与深色口红映衬了模特白皙的皮肤，也使得整套服装多了一些天真和纯洁。胸前的镶珍珠缎带像是流星划过天际般，简单而颇具新鲜感。（左上图）

这是一款修身的粗棒针织外套，设计师以营造的典雅氛围，同时配有希腊似的妆容形象，凸显出现代理念的时尚风范。门襟采用偏襟结构，隐隐透出东方情调。领子针法采用粗犷的上下交错针，给服装增添了力量感。针织毛衣的悬垂效果所产生的自然感在领子、肩线、袖型表现得突出，配以棉质的修身裤，深灰色的手套，有一点矛盾的不协调，又似乎能带给人一丝灵动。腰部的皮草包裹隐约看见了日本和服的影子。整体色调呈米黄，乳白色点出轻盈的色彩效果。（左下图）

3、Alber Elbaz（阿尔伯·艾尔巴兹）

这款作品就是这类丝绸面料的完美演绎，从胸线开始的打褶裙线条流畅自然，飘逸的造型塑造出 Lanvin 风格特有的高贵女人味。整体设计一改 Alber 以往的华丽风格，变成极端的极简主义派，简单的 Lanvin 式连身裙结合日本和服的高腰元素，由色系相近的白色和浅金色相拼，分割线提高至胸线的位置，加强了修长的效果。胸前恬静的蝴蝶结是整款设计焦点，表现出 Alber 的装饰主义倾向，别致而传神。（中下图）

这款迷你礼服款式以闪闪发光的高科技漆皮黑色面料为主，没有蕾丝花边的伴随，也不是长至脚踝的曳地长裙款式，只有利落的腰带和长拉链结构，看起来柔软光滑，打造出新时代的前卫女性形象。颈部具有希腊风格的吊带设计，以及流线般的纹路，使服装摆脱了超现实的生硬，还原了未来派的奢华优雅气派。实穿风格和灵活多变是 Alber 一直坚持的设计方向，未来感也同样需要实用主义。Alber 并不打算把女人们一下子投入外太空，他的那些斜裁褶皱、绝妙的柔滑丝绸，让人更有了享受这个现实世界的理由。（右下图）

4、Andrew GN（邓昌涛）

本款堪称中西合璧的典范，呈直线裁剪结构形似中式马褂款型的上衣，与迷你短裙相配。设计师追求高档精致表现在装饰立体绣球花的胸前和袖口、缀满了闪亮的珠子具层叠效果的裙子，令人眼花缭乱。银质腰带很特别，是直接在皮革上剪出形状，再手工与珠宝拼镶。在设计上，设计师用最古老的方法演绎现代，将现代工艺和剪裁与古老的装饰图案、风格相结合。大量采用的银色、水银色以及钢色，甚至连皮革也呈现出的亮亮的银色，都在告诉人们这是一场充满现代感的秀，设计师是要带给大家一幅描绘未来的时尚蓝图。（右上图）

花瓣式白色短外套内置天鹅绒黑色小礼服，具有浓烈的浪漫气息，黑白强烈的对比间迸发出强大的奢华高贵。整体造型自然，款式简洁大方。高品质的面料，将 Andrew 的服装提升到了更高的境界。连衣裙合体，长不过膝，裙摆处装饰了蝴蝶结，与领口飘带自然吻合。（右下图）

5、Ann Demeulemeester（安·德默勒梅斯特）

在 Ann 设计的这款服装中，上身柔软面料的重叠而产生的各种不同宽窄的线条，并在腰间做了似乎有规律的分割，但腰身处两个尖角的连接，又为这种规律带来了灵性的动感。腰下的宽带为这款连身短款裙装营造了视觉上的延展。从肩点下滑于手肘以下的泡泡袖自然形成轻松的摆荡，与漂亮的肩线相互映衬，显示了女性的柔美。而颈部与腰间相连的简约的细带类似于男性领带的造型，与泡泡袖的柔美形成了鲜明的对比，矛盾的特质再一次出现在 Ann 的设计中。同时上身简单精良的裁剪与两侧泡泡袖的运用及独特精到的穿插结构，更使整个设计显得那么的对立又那么的引人注目。基于雪纺面料的特性，上身单一颜色的透明与半透明空间分割，使女性的气质在框架的分割中柔软地透露了出来，这种以柔克刚，阴阳相生哲学观点在 Ann 设计中表现的淋漓尽致。面料的柔软、悬垂和飘逸，是女性服装的专用，而似乎有规律的框架又轻巧地揽住了半透明的雪纺面料的笼罩，使没有尽头的垂柔得到了控制，仿佛是女性的飘逸和妩媚从框架的漏格中流漏出来，女人的性感在这种控制中显得更加的强烈。（左上图）

在这款作品中，女性的时尚和男性的帅气这种冲突的特质更是被 Ann 把握得恰到好处。直率的外衣与从腰线开始炸开好似公主裙的对比，正是显示了 Ann 的这一设计原则。冲突性无处不在，小立领白色衬衣，黑色宽松的外衣以细带扎于腰间，放松而且自然，与系于脖颈领带样式的黑色紧致线条形成鲜明而轻松的对比。从肩膀脖颈开始的精致到“把松散系于腰间”，整个设计高贵而又放松，把女性的精致、干练和浪漫用简单的细线很好地控制了起来。（左下图）

6、Atsuro Tayama（田山淳朗）

此款作田山淳朗以镶毛短外套夹克配针织毛衣来体现出不同材质面料的搭配组合，并呈现出多样的层叠效果，打破了同色系的单调。整套服装剪裁合身，具有极强的实穿性。在风格上，虽然线条简洁大方，但考究的缎带和缀饰设计演绎出嬉皮的时尚味。夸张的围脖是视觉中心，与模特额前凌乱的刘海一并塑造出随性自我又优雅不羁的女性形象。短马甲的设计不仅在视觉上拉长了下身，更重要的是与里面较长的针织毛衣搭配使服装整体有了层次感，配上合体的裤装展现出女性的果敢干练。（右上图）

此款高束下翻领、齐膝的风衣，加上典型的“赫本头”，将人的记忆回溯至20世纪优雅的50年代，但田山淳朗设计的细节中充满了20世纪60年代宇宙风格。连身裙装在前片以直线和圆弧形作分割处理，既有20世纪60年代宇宙风格开创者皮尔·卡丹或古亥吉的设计影子，同时兼具21世纪初刮起的未来主义风潮。立体造型的肩线和前片特殊形状的结构线改变了传统大衣结构的素净，使其更为明朗而富有变化。加宽了腰线的窄版剪裁配以粗呢面料使服装看起来有些硬朗，但是一根腰带便改变了整套服装的命运，增添了一份温柔。分叉的中袖突破了传统格调，柔柔的韵味中透出一点冷冽的气质。高纯度的宝石蓝给人一点纯洁和宁静。田山淳朗以此将女性的妩媚典雅与硬朗俊秀作了很好的嫁接。（右中图）

7、Barbara Bui(芭芭拉·布)

左半身白色面料上的紧密、有序的黑色小圆点，再加上粗细均匀一致的黑色线条在领口、前中及口袋处的装饰，以及合身的裁剪等都将都市职业女性时尚而干练的形象诠释得淋漓尽致。与此相反，右半身则峰回路转打造了一种轻松惬意的休闲连衣裙装。区别于左半身的紧密、有序的黑色小圆点，右半身则运用了稀松的、较大的黑色圆点即刻将服装带入到一种随意休闲的氛围当中。袖窿与领口的下挖处理、肩部的黑色线条、腰部以下的宽松处理，尤其是侧面透明纱质面料的宽松贴袋的运用与右半身的合体以及利落的口袋的对比更将轻松随意的气质发挥到了极致。下摆处黑色宽边的略显收口的处理等处处体现了休闲的味道。最后作品通过款式中心处的打褶处理及黑白条纹帽子的搭配使款式左右两边职业与休闲结合自然，和谐融为一体，实在不能不说是一款设计中的佳作。（左下图）

光亮、具有太空感的面料使用不仅增加了服装的前卫感，而且其低调内敛的质感也使服装摆脱了超现实的生硬，看起来更加柔软光滑、结构分明、阔形精致。结构上，肩部的左右不对称处理，大面积的通过拉链进行的结构上的分割，短小的迷你裙款式等都使设计师将想要表现的未来主义风格得到淋漓尽致的诠释，混融极简与未来主义的酷感形象跃然T台。（右下图）

8、Christian Lacroix（克里斯汀·拉克鲁瓦）

这款作品依然延续了 Lacroix 奢华的法国式优雅路线和贵族气息，大肆采用刺绣、拼贴，以及繁复的印花面料，完全展现出一派摩登的宫廷时装气氛。经典合体短打小外套、马甲与超短连身裙融合在优雅的浅棕色调中，在印花的衬托下，显示出浪漫的气息、创新的灵感、古典的韵味。取自宫廷的刺绣边饰点缀着有点厚重的短上装，凸显 Lacroix 一贯讲究细节的风格，皮质和绸缎感的面料组合给人舒适的感受，款式简洁、流畅。加之清新纯洁的妆容凸现都市职业女性的新形象。在 Lacroix 的设计中，总能找到最华美、最时尚、最雅致、最纯粹、最清新的元素，装饰女人的花样年华，抽象派的印花、如水墨化开般的渐变色，精巧的宫廷型刺绣，小蓬裙结合迷你的长度，轻轻盈盈地让每个想更有女人味的年轻女性，尽显高雅、飘逸、时尚、知性之美。（左图）

虽然主调为黑色，但是各种细节的设计、印花、妆容以及发型佩饰却让整套服装灵动起来，那种来自西班牙的激情不经意地体现在夸张的款型、精美的头饰、华丽的金色纹样、奢华的毛皮上。迷离的烟熏妆，蓬松的发型等复古元素，为这一造型抹上了浓重的哥特式魅惑色彩。厚重奢华的款式，和无处不在的精致细节，应该没有一个女人能够抵挡这迷人的华服。Lacroix 沿袭一贯的宫廷式奢华，穷尽了所有精美元素，又仿佛不经意地信手拈来：闪钻、毛皮、金色锦缎，另一个时代怀着梦想的不安灵魂在此时重生。高贵的驼毛，热烈地绽放在袖口上，流动的金色图纹，饰有水晶的头饰、精致昂贵的装饰、柔软高级的质料，张扬着舞台上的华丽，也时不时地击中对于瑰丽和繁华向往的心。多层次的搭配在耀眼的光芒中显得别有情趣，黑色的紧身裤袜和上衣更衬托出金色的华丽，传统的黑色领巾带出贵族的气息，Lacroix 携着来自 18 世纪法国和热情妖娆的西班牙精魂合体的魔咒，又一次催眠了时尚风潮中清醒挑剔的双眸。（右图）

9、Dries Van Noten（杰斯·凡·诺顿）

虽然民俗情调是比利时籍设计师 Dries Van Noten 的看门绝活，然而 Noten 就是自有他的一套创意，可以每季大玩特玩而不重复。这就是这位比利时设计师的过人之处。当然长期坚守民族风设计的 Dries Van Noten 在布料上下了很大功夫，Dries Van Noten 使用的布料在达到舒适的条件之外，不断在剪裁与样式上进行创意，设计出每季不同的服装。各色印花已成为 Noten 品牌的标志，此外色彩也是 Noten 设计的重点。作为专注于民间民俗性的品牌，Noten 的每季作品色调非常丰富，宛若一场场充满异国风情和文化的精彩之旅。多年来 Noten 也致力于将那些复古老式的绣帷花纹，运用技术印制在水洗棉衣料抓皱的亚麻布裙或者是洋装上。这款服装带着浓重的民族风情，线条丰富，层叠有秩。带有大地色彩的米褐色调与民俗质感的压花图案相辅相成下，气味不俗，在民俗风下隐约彰显城市优雅浪漫。（左图）

轻薄宽松的女衬衫和怀旧款式的印花七分裤的结合，搭配出灵巧慧黠，充满民族气息的时尚少女形象。松身随意的款式造型使穿着者轻松舒适，更为市场提供了一个休闲的选择。印花图案的裤子，腰头采用了不同色调的印花，显得更加丰富多彩。同样印花图案的凉鞋承接了裤子的印花，跳跃的色彩与模特亮丽的妆容遥相呼应，整体感强烈，设计完整娴熟。（右图）

10、Elie Saab（埃利·萨伯）

设计灵感来自于20世纪70年代风格、迪斯科和法国大众明星姐妹Dalida（达莉塔）和Sylvie Vartan（塞尔薇·瓦丹）。成熟优雅的法式帝政紧身礼服配上具有悬垂感的波浪褶皱塔夫绸和精心装点的法式前开叉A字裙，营造出一种浪漫的法式情调。没有过分裸露的低胸，只有单肩式的半露香肩，以轻柔的薄纱绞缠处理并遮挡住一侧手臂，恰当好处地露出不怎么张扬的性感。颜色上浅紫和粉银的搭配更加凸显富有情调的法式浪漫。袋口、裙摆处碎花的装饰透出了作品的细节感，与粉色高跟鞋的配合，加强了设计的整体感。（左图）

这是一款典型的Elie Saab风格设计，追求性感飘逸的女性美感。缠绕颈脖的薄纱层层叠叠，或隐或现露出柔滑的肩部曲线。前胸是设计的重点，设计师将面料作抽褶处理，产生自由的曲线。高腰线的运用使下半身显得格外修长，这是Elie Saab标志性的设计语言。裙摆以薄纱闪缎层叠构筑产生不规则的线条，使视觉充满了张力，在行走间浮游流动，一种飘渺的神秘魅惑感自然流露。（右图）

11、Ennio Capasa（伊尼欧·卡帕沙）

聪慧狡诘的设计师 Ennio Capasa 采用薄如蝉翼的绢丝材质，剪裁出不寻常的款式，宽松超现实的晚装袍采用不对称的设计。利用裁剪出人意料地伸展出上肢，怪诞性感。透明的黑色薄纱隐约间露出女性线条，飘逸的长裙随着身体的舞动流淌着。完全裸露在外的单边美腿是整款构思所在，布料在腿根部紧贴，向下呈伞状自由张开，设计充满了性感的诱惑。在色彩上，黑色这一设计师的最爱又一次演绎出不同凡响的韵味，纱质黑色面料与高度磨光闪着光泽的黑色腰带互相映衬，还有黑色漆皮的锥形高跟鞋，无一不彰显出性感主题。设计师在上下装以材质的半透明和不透明的对比，塑造出女性完美身段。（左图）

肩部和颈部的设计是 Ennio Capasa 的拿手之作，前后肩片分割，在袖窿处集合，袖窿是夸张的大褶，成为点睛之笔。颈部豪华的毛皮高领雍容华贵，尽显时髦前卫感。结实的宽皮带束在胯部，挺缝线明晰的直筒西装裤表现设计师的制服情结。小带性感挑逗的露肩设计结合着男装元素一同铺陈，强调出线条上的纯粹感，演绎柔中带刚的独到风采，衬托形体上的明确风格。在色彩和选料上，设计师运用经典的黑灰色调和神秘的暗绿色，将绸缎、毛皮、针织物、全毛等不同质地的面料组合在一起，厚实的围脖、有光泽的上衣、柔软的手套和挺刮的裤装，面料质感、光泽的对比和相衬，以及独到的细节处理，碰撞出洒脱又细腻的完美设计。（右图）

12、Marcel Marongiu（马修·玛戈埃）

褶皱是 Guy Laroche 品牌的标志性设计，可以说是把褶皱的特性运用到了活灵活现的地步，每一件衣服的褶皱样式都不一样，其形态的变化都是依据具体衣服的设计理念变换而来的，有的是根据体形的变化自然形成，有的则是通过某种固定方式人工变化而来，但无论是哪种方式，其形成的效果都能够让人感到有某种经过精心设计的巧妙感存在。在这款小礼服的设计中，褶皱的表现就很有性格，通过腰间的褶皱与肩部的直线衣领形成相对软和相对硬的明显对比，使原本只能带给人们松散感觉的褶皱变得利落而且现代起来，这种将两种绝对元素通过设计中介融合在一起的设计手法是设计师们经常用到的。采用相对柔软的面料，上身的两个袖口处裁剪线路清晰，整体形成相对的直线长方体，从腰间开始出现褶皱，短小的裙边开始变得自然随意起来，这样，腰间的褶皱造型仿佛就成了一种规整与随意的分界线，使两种对立的设计融合了一起。（上图）

设计师以修身剪裁、弹性衣料、波纹皱折凸显女性的自然线条美，运用独特绉褶剪裁将巴黎的优雅浪漫气息与20世纪三四十年代好莱坞电影的怀旧感觉融合，同时在服装中又注入了独立不羁的时尚元素，幻化出高雅脱俗的慑人气质，演绎出现代女性温柔与硬朗并重的独特个性的盛品，是贵丽浪漫与完美体态的艺术结晶。这款单肩紫色的晚礼服拥有漂亮而美丽的绉褶，腰部横向的绉褶与肩带处纵向的绉褶交叉穿行，给人一种蕴涵丰富的感觉。布料在肩部走向与衣身绉褶走向形成反向对比，设计师正是运用这种特性来表达自己对于女性的理解和服装的感悟，把女性的美丽和阳刚通过绉褶这个载体完美地表现了出来。软滑弹性的针织面料，带来华丽妩媚的感觉，细致贴身的剪裁加上精细褶皱线条的重复，完美地塑造出冷艳高贵的女性形象。（下图）

13、Haider Ackermann（海德·阿克曼）

此款作品皮革短装内置一件松垮的深蓝色无袖衫，宽松的马裤式收腿裤配上皮靴，一副浓烈的街头服饰打扮。露有明线的皮革护肩，配上同质露指手套，坚硬的皮质腰带，自然搭系在腰下，一身帅气。整体而言，造型的收与放、面料的光亮与毛糙、配件的厚实与质料的轻薄形成强烈的对比，这正是 Ackermann 追求的带有强烈矛盾冲突感的设计。女模方正的脸和一袭短发，瞬间将性别的界限抹去，分不清的中性风格刹那呈现在眼前。这就是 Ackermann 所营造的时尚现代的“女强人”形象。（右上图）

Ackermann 对这款长裙进行不对称剪裁，柔软的带有光泽的织锦面料被制作成晚装，结合了丝绸般柔滑的特质，又带有皮革硬朗的折光效果，将晚装设计得独具风格。披搭式的设计手法是 Ackermann 的一大特色，这款长裙正是以此剪裁设计，设计师将传统礼服结构进行解构，上身采用细吊带低胸收腰结构，下身以一侧细带的系拉方式，将布料在臀部形成包裹结构，构思独特。出人意料的模特发型前卫另类，仿佛在声明那是 Ackermann 的服装，总是别出心裁，不安分守己，呈现出一种峻冷的中性美。（左上图）

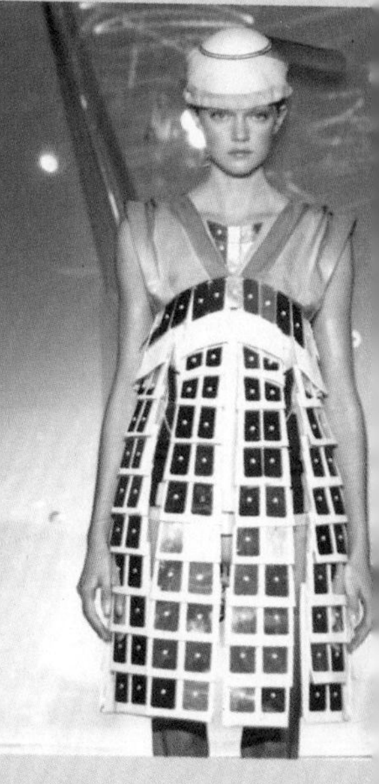

14、Hussein Chalayan（胡赛因·卡拉扬）

Chalayan 的设计触角与众不同，包括建筑和哲学法则、人类学的知识，因此 Chalayan 既是艺术家，又是社会学家。他的设计也是另类的，如吹气裙、将咖啡桌反转做成木制裙装、扶手椅转化成裙子、椅子变成旅行箱、金属饰品装饰在礼服上等，几何或曲线的分割结构也是他的特点。主题为“未来世界”的 2007 年春夏秀中，Chalayan 找来电影《哈利波特》中担任制作的班底来负责发布秀中的科技部分，将复古与未来科技结合在一起，重新解构了时尚界疯狂推崇的复古风。他娴熟地解构礼服结构，以轻柔的薄绸面料与刚性的金属材料随意拼接，让复古元素以未来感的方式呈现，设计出可伸展可悬垂的高腰裙片，对高科技的运用让人叹服。这款具复古结构的高腰连身裙采用铠甲式的宽肩结构，下身以电路板的效果块状相连，造型怪异的圆顶帽更是使整款服装增添出属于下个世纪的时尚感。色彩以无彩色的黑、白，以及浅灰为主，加上带发光色彩的选用，Chalayan 营造出他心目中得未来世界，并以一种简洁的设计方式传达其复杂的思维想像。（右中图）

Chalayan 的设计充满了睿智、淡雅和素洁，稍稍地装饰，色彩上多用白色、灰色或是半透明色。Chalayan 最擅长把衣服做“乱”，层次乱、结构也乱。解构形成的各衣片，包括肩带、裙片簇成新的几何图案，内搭的吊脖衫与外裙混在一起，分不清装饰与主体。他的装饰总以抽象为主，图案渊源广泛，如气象图、飞行路线图、电路板图等。装饰性的元素直接装点入服装之中，半透明中隐约出现的条纹、玫瑰花图案显得与众不同。裙子后幅使用波浪的皱折形成 A 字形，他至爱的无袖设计恰到好处地于领位、肩位，塑造出令人印象深刻的线条。（右下图）

15、Ivana Omazic（伊凡娜·欧曼茨科）

大量薄透的面料组成了T台上形形色色的服饰：亮缎质感的降落伞绸、会泛出彩虹光泽的罗缎、云雾般轻柔的平纹皱丝织品，还有半透明的刺绣装饰……灵感来自米兰·昆德拉的小说《生命中不能承受之轻》，轻盈的纱裙注重裁剪和结构，细密精致的折褶、尖角男衬衫领、吊带衬裙、斜襟交叉多层叠搭的披纱表现出轻与重的混搭和矛盾对比，有些梦幻，又很现实，两者融合在一起，让感性与现实达到一种平衡。连身无袖裙与内衬的白色薄纱展现出丰富层次又不失飘逸。从中我们也看到了Celine一直以来遵循的法式时尚精髓：繁琐即简单。（左图）

喜欢文学的Ivana Omazic每季都会在书中找到灵感，如萨冈的小说《凌乱的床》和电影《Eyes of Laura Mar》的女主角Faye Dunaway（费·唐纳薇）。《凌乱的床》女主角Beatrice（贝雅翠丝）美丽聪明又充满矛盾，正是Ivana Omazic想要塑造的自由不羁与神秘野性的女性形象，直率果敢且充满活力的Celine女郎。及膝风衣是个性鲜明的设计，开衩是此款特点：内开衩九分袖、衣下摆长开衩。整款设计带有叛逆感，机车手套、报童帽表现出现代强势女人的特质，同时又不乏柔弱一面：圆肩、收腰的A字造型、衣领内侧柔和元素——塔夫绸的加入，刚柔相济秀出女性的复杂情怀。最引人注目的叠加式宽腰带的巧妙构思来源于设计师生活中的一个小场景：男友无意间围在腰上的一块布和一根皮带。大敞领大衣颇受瞩目，暖意融融的驼色风衣拥有一个引人遐思的大领子，默契地与立领融合在一起。Celine女郎仿佛是要赶去参加夜晚的街头派对，抵御风寒的护耳帽，大衣里露出的黑纱衬衣显露出她们的匆忙和派对将要展现的热力。（右图）

16、Jean-Charles de Castelbajac（让·查尔斯·德卡斯特巴杰克）

短袖大翻领上衣合体，长及胸线下，下配紧身的超短裙，内穿条纹连身裤，整体设计造型简洁但搭配奇特，作品整体充满了美式运动感和户外气息。整款以红、蓝两色为主，通过纯度较高的红色和蓝色交替使用体现了作品欢快的情调。横、竖及斜条纹的变化使用则丰富了图形变化，这是本款的主要设计特点。作品另一特色是大小不一的各色纽扣作装饰，这是 Castelbajac 在成人的时装世界里，展示了人们童年的期盼。设计师还搭配了色彩艳丽的棒球帽，帽上绣有“ACDC”（美国一摇滚乐队名）字样，配合美式文化的表现。造型夸张的刺猬发式更使作品形象清新可爱。（左图）

取材于孩子们喜爱的玩具，这些孩子们耳熟能详的玩偶在设计大师 Castelbajac 的手中，变换成另一种截然不同的时尚形态，事实上这是设计师玩童心态的写照。设计师尝试以玩具造型帽子与服装结合，用制作毛绒玩具用的材料，制成具有童真气质的玩偶帽子，瞪眼、张牙舞爪的造型煞是可爱。具军装风格的外套超短结构，整体简洁，超大纽扣与宽阔的大腰带带有夸张的成分，格外醒目。色彩上，军绿色和深褐色面积占据大部分，白色和带光泽的黑色作为点缀。Castelbajac 是一位富有激情的设计师，他的服装以自己的方式，表现出独特的魅力，让人们懂得服装并不仅仅是样式而已。（右图）

17、Jean Paul Gaultier（让·保罗·戈尔捷）

Gaultier 把休闲运动服的元素与高级时装结合在一起，牛仔布做成高级晚装已是惊世骇俗，将裤腰直接提高到胸线更是让人大跌眼镜，变化部位的设计并不影响晚礼服的飘飘裙摆，纯棉面料拉出的流苏同样美艳动人，在颜色方面，牛仔布做成的礼服手套是最深色，由上至下的靛蓝渐变色如 Gaultier30 年的经历，久经磨练，愈发光彩夺目。Gaultier 脑子里永远有取之不尽用之不竭的想法，创作力源源不绝，而且无法猜透他葫芦里卖的什么药，还将带给世人什么惊世奇作。意外的搭配不断挑战着我们惯有的审美，意料之中的是无与伦比的设计奇想。（左图）

在 Gaultier 为 Hermes 所做的设计中，又能感受到他的另一种风格，以飘逸的作风与追求精致完美的创意，让 Hermes 女装保有 Hermes 集团依旧的优雅，没有多余的设计，却彰显服饰的气质，同时展现衣服的机能性与高度的舒适性。Gaultier 收敛起一贯的离经叛道，轻描淡写般将传统 Hermes 纹样的丝绸面料设计成大一字领纱笼，低腰线上随意系扎同料饰裙，配合在比基尼泳装上，带出假日海滩上一股轻松舒适的休闲气息，同色的手镯、系带、头箍称职地装饰着飘逸的丝质纱笼，极富风情，法式的优雅和悠闲、奢华与傲气都隐含在 Gaultier 巧妙的设计中！（右图）

18、John Galliano（约翰·加里安诺）

一直以来，Galliano 这个巨星级的裁剪师，如强盗一般掠夺了古典时尚的精华，并戏剧化地融入现代元素，调制成一道别样风情的边缘产物。Galliano 自己品牌不同于 Dior，风格相当前卫，设计玩转于街头时尚之间。这款全黑的透明薄纱装性感迷人，最能代表 Galliano 所钟情的街头嬉皮设计感。设计师配上吊袜带、黑色皮短裤、黑边长统袜，突显街头风情。诡秘的蝴蝶文身在雪纺薄纱材质衬托下若影若现，半透明的紧身袖凸显出诱惑线条，那些层叠的褶皱激情洋溢地回旋纠结，那些零乱的乌干纱无所顾忌地招摇，加上僵尸般的形象设计处处散发无比妖娆的神秘贵妇风情。（左图）

日式风情的和服、宽腰带与艺妓妆容经过 Galliano 的神奇构思，将普契尼笔下的歌剧《蝴蝶夫人》以时装的精巧形式重新演绎，既有宛如艺伎的万种风情，又有伊丽莎白时代的高雅贵气。使人们再度领略了设计师的超凡天赋——以时装秀为叙事诗，唤醒柔美与敏感的情绪。其实这已经不是 Galliano 第一次做这种尝试，他非常擅于将时尚混融入历史感浓重的传统风格里。设计师巧妙地将传统东洋折纸艺术运用在礼服裙摆，围裹的大型裙摆蓬松而不杂乱，弧线优美，摇曳律动；在颜色上，纯粹浓艳的高彩度色系，大红色、翠绿色、明黄色，营造出视觉强烈的具东方风情的艺术效果；印染图案是东方传统的风格鲜明的纤细青竹，织锦和服的精致刺绣，华丽大气地展示在如雕刻般精准的晚礼服上。同时，极富戏剧效果的艺妓造型也在设计师手中越发夸张魅人：松树曲枝和日式礼盒缎带的发型、以及雪白脸肌、艳红樱唇，让整体造型宛如一场缤纷奢华的新版蝴蝶夫人。对照 Galliano20 世纪 80 年代的狂野浪漫和 90 年代的黯黑日式风格，虽然撷取的灵感一再重复，但 Galliano 依然能够玩出令人激赏的崭新风貌。（右图）

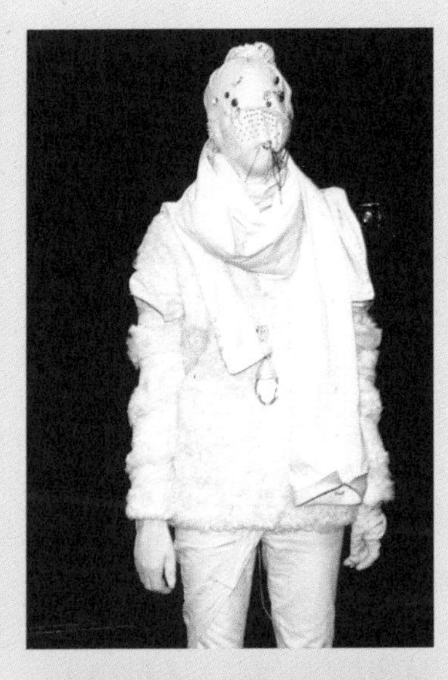

19、Jun Takahashi（高桥盾）

此款设计在同一色系、不同的材质拼接搭配呈现设计师超现实的服饰形象，乳白色的轻盈色彩，毛茸茸的上衣与窄脚裤在融合中凸现了 Takahashi 刻意营造的矛盾气氛。设计师深受朋克风格熏陶，袖子设计采用朋克典型的拼接手法，毛茸茸织物与光滑梭织料带状组合，腿上的布料带同样是拼接，呼应上装。包裹着的头部面罩装饰着大小不一的铜扣和金属链子，设计师别出心裁地将头部作为设计中心，连同颈上自由围绕的围巾，一种无法言状的神秘气氛就这样展现出来。（左上图）

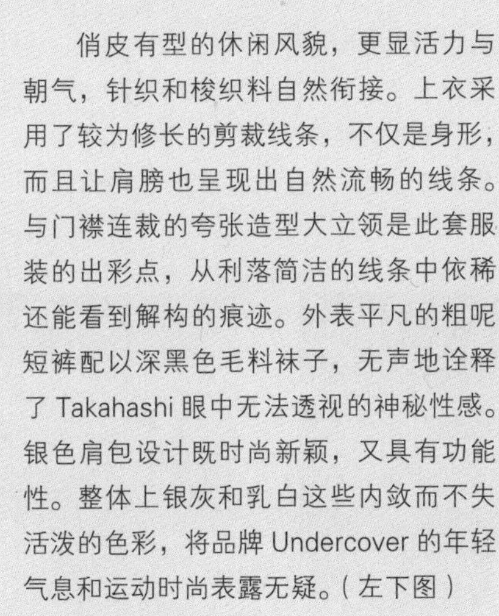

俏皮有型的休闲风貌，更显活力与朝气，针织和梭织料自然衔接。上衣采用了较为修长的剪裁线条，不仅是身形，而且让肩膀也呈现出自然流畅的线条。与门襟连裁的夸张造型大立领是此套服装的出彩点，从利落简洁的线条中依稀还能看到解构的痕迹。外表平凡的粗呢短裤配以深黑色毛料袜子，无声地诠释了 Takahashi 眼中无法透视的神秘性感。银色肩包设计既时尚新颖，又具有功能性。整体上银灰和乳白这些内敛而不失活泼的色彩，将品牌 Undercover 的年轻气息和运动时尚表露无疑。（左下图）

20、Junya Watanabe（渡边淳弥）

宽松的上衣，几层夸大不对称的平翻领重叠装饰。宽口灯笼状袖子故意设计在八分位置，给人一种不合体的垂荡感，目的是露出里面同样低调的针织衫，打破了外表有点严肃的氛围。衣服上的线迹因拼接而显得密密麻麻，连同歪斜的口袋、外翘的袖克夫、不经意翻出的毛边，构成整款令人难忘的细节。色彩是军绿色，但经处理呈现细微差异，外露的白色和头盔金属色起点缀作用。（右上图）

强烈的朋克倾向，即具有冲突感、冲撞性的效果，如金属铜扣运用、拉链多处分布、黑白色对比、夸张帽饰、上下装面料质地对比和造型对比等等。超大的翻领结构带出了男性化的感觉，前襟纽扣的大跨位搭扣形成一种特别的视觉效果，原本有些松垮的上衣在腰部紧致起来。超长的袖子露出纱质衬衫，并与短窄的衣身形成对比，腰带系结随意松垮。下身白纱裙配紧身裤袜有点唐突，但颜色的搭配碰撞出一丝优雅。另类的超大粗呢帽子有点英伦慵懒的味道，让人回想起 20 世纪 70 年代轰轰烈烈的以朋克风格为代表的街头运动。（右下图）

21、Karl Lagerfeld（卡尔·拉格菲尔德）

这款套装为Chanel经典的斜纹花呢外套，从牛仔夹克的外型变化而来。纯白与外套与黑色紧身衫强烈对比，少了点淑女路线的中规中矩和成熟女人的矜持严肃，多了点校园学生的青春稚嫩和雅皮群体的时尚随性，Largefeld稍稍跳出了往日的奢华框架，开始向高校女生的美感哲学一点点地亲近。如果仅以经典的直身对称格局示人，不免平淡。Largefeld采用高腰的设计，更多一份通透活力，增添年轻感觉。格纹方方正正，细致而规整，衣边袋口带点甜美公主风格的精致扭纹可归纳为Chanel恒久不变的定位：专属于那些孜孜追求整体美感、眼光独到且挑剔的矜贵女人。配饰是又一大亮点，双色高筒靴、金属珠链以及大小各异的银色、黑色饰珠和水晶闪石，以仿古形式出现而又不拘一格地自由组合，彰现Largefeld一发不可收的优雅复古情怀，为年轻女孩增添艺术气息和淑女风范，可以说是搭配出最新Chanel复古形象的关键配饰。作为淑女风范的代言人，Chanel越来越不满足一味保持乖乖女的形象，在原有精髓上不断添入摩登意念，保持时尚动感、性感特质与高贵典雅的平衡。对于优雅与年轻化之间的适当尺度的把握，使Chanel的高级订制服一直保持良好口碑和稳定市场。（左图）

如果说Lagerfeld赋予Chanel是珍珠项链的经典贵气，赋予Fendi的是奢耀性感的皮草风华，那么设计师自身品牌Largefeld Gallery则是承袭巴黎的浪漫典雅，以及日耳曼民族的严谨做工，它带着利落明朗的德国式线条，重新回归到服装本质。这个品牌的服装就如同设计师本人一样，轮廓鲜明且具有强烈的层次感，在简单的线条下透露出神秘的魅力，黑、白、灰是他最广为使用的色系。这款秋冬长外套线条纤细、材质轻薄，是其代表特色之一。隐晦的军装风格与显著的男性化设计，在灰色、黑色中铺陈开来，暗门襟、小翻领的设计使整体干净、流畅。浑圆的肩袖犹如男性的臂膀，略带夸张的意味，袖子的打褶与小荷叶边巧妙冲淡了男性化的刚硬。内衬的黑色鱼网袜，还有从那无指毛皮手套中伸出来艳红长甲晦暗妖冶——这是你唯一能看到的彩色。虽然被冠以了军事化的严肃氛围，Lagerfeld也并没忘展示修饰后的诱惑，将属于女性化的柔美尽展无遗。（右图）

22、Manish Arora（曼尼什·阿罗拉）

瑰丽多姿的花朵、繁茂的枝叶、惊艳五彩的小鸟、蝴蝶蜜蜂自由穿行其间，好一副生机盎然的好景象，这是设计师 Manish Arora 的拿手好戏，他擅长从大自然和周围环境中汲取创作灵感。这款作品设计师在款式上费尽心思，超短连衣裙肩部设计了圆月映衬下的孔雀枝头，而且运用了手工贴绣手法。孔雀羽毛般的霞帔，流苏萦绕于脖间。烂花贴绣的薄衣，具轻盈和朦胧感，就像是还未被唤醒的云雾中的森林。蜜蜂在蜂巢中忙碌着，带有甜蜜滋味的橙黄色是那么的诱人。无论是头顶上的硕大立体写实花卉还是眼眉上的大王蝴蝶，都是那么栩栩如生。在细节上，通过不同大小珍珠、莲花、雏菊等装饰元素的加入，增添了服装细腻的精致感。整款作品色彩饱和而明艳，散发出浓郁的大自然气息。并且从印度当地面料中取材，如丝绸、透明硬纱、原丝、锦缎、提花织物都被运用到设计当中。（左图）

款式简洁的落肩短衫搭配宽口的松身长裤，面料选用了具飘逸感的印度传统丝质面料。整款的几何图案在视觉上颇具冲击力，却又收放有度。设计师不是单纯拷贝欧普风格图形，而是融入了更多的民族元素，使图形带有一丝图腾意味。加上同类图案风格的彩色妆容，以及配搭黑色长统皮质手套，顿显灵气，使人仿佛置身于异度空间。（右图）

23、Martin Margiela（马丁·马杰拉）

这款非常规的作品将左右两部分解构成不同的服装形态，却有机相连。设计师以一种像石膏模样肉色的材料，做出似模具压出来的弹性胸衣，而不是缝制出来的，用这种肉色材料和红色的其他材质服装结合，创造出一种视错觉。款式上疑似泳衣和风衣的结合，色彩亮丽，配上红色彩条围巾，有一种诙谐的效果，极具设计感，解构味道浓烈。当然重新翻弄二手衣裳将之解构重制是设计师一直以来的信念与态度。（左上图）

塑身的短装，长长的丝绒外套，干净利索。面无表情的模特被蒙上眼睛——在表现后工业时代生存的特质上，无疑 Margiela 具有先天的捕捉力。黑灰白三色为主调，偶以金属质地银灰打点光泽，很明显，又一个神秘主义和未来主义的痴狂者。Margiela 希望以超前卫的手法企图将服饰推向极限，其结果，呈现了 21 世纪服饰美学发展的可能性。（右上图）

24、Naoki Takizawa（师泷泽直）

彩虹色系的编织绳装饰运用是此款服装的关键点，在黑色无袖合体长裙的映衬下显得格外出挑，它们井然有序的穿插在胸前、腰间和臀两侧，并且形成自由的曲线形垂荡，构成不定形的图形效果。剩余部分在身体一侧形成流苏自然垂坠，弱化了穿插细节，使一切看起来自然、随性。在颈脖处的大量堆积处理具民间民俗效果，属神来之笔，它成为整款的设计中心。深棕色眼影对眼神的刻画加强了设计的现代理念表现。（左下图）

对于耳熟能详的皱褶布料，我们只知是三宅一生的创造，事实上这是师泷泽直与三宅一生的共同研发。整款服装以皱褶布料为素材，款式简洁洗练，没有过多装饰。师泷泽直在工艺上采用了日式服装擅长的平面直线裁剪，巧妙利用衣裙上的褶边使服装更为舒适服帖。衣裙边缘的立体造型所产生的视觉效果与衣身褶皱相呼应，营造了一种未来感和浪漫风情同在的独特美感。（中下图）

25、Nicolas Ghesquière（尼古拉斯·盖斯基埃）

机器人造型、汽车零件和男孩化的阳刚轮廓，是用来打造未来感视觉效果的基本元素。硬挺的黑、白拼色短打夹克、电线般缠绕的紧身黑纱衫、大大的褐色护目镜、金光四射的包腿，把观者拖向冰凉的未来机械世界中，仿若是来自未来时空的机器人。让人不禁联想到阿诺德·施瓦辛格主演的《终结者》，还有1982年首部将电脑特技和真人表演结合的电影——《仪器》。马甲、裙装和紧身裤，都像是用镭射裁过一般精确，Nicolas的美学像剃刀般锐利。Nicolas把他身上的巴黎浪漫特质和完美主义基因投射到剪裁和特殊面料的运用上，通过闪亮的尼龙丝、厚实的皮革、金属质感的紧身长裤，以及黑、白、金这些无彩色的使用，令人置身于未来太空世界。（右上图）

紧瘦的立肩学院小外套，狭细的低腰骑马裤，高校女生层层围裹的流苏方巾，配上科技运动感十足的便鞋，或是色彩明亮如同拼装玩具的高跟凉鞋，就是设计师首先交付的基本轮廓。看上去并不复杂，但其实囊括了东欧、阿拉伯、印尼巴厘岛、日本歌舞伎、非洲土著、秘鲁、蒙古……设计师所参考的不同种族地域可谓五花八门。于包罗万象之中理清头绪与方向，Nicolas有一套自己的概念指南。巴勒斯坦围巾在他的早期系列中曾经有过使用，这一次变换了不同的印花，装点上了丝线流苏，随意地扎上金属装饰，成为翩然飘动的围巾的一部分。为保持平衡，传统的西方风格也根植于系列中，英式剪裁的斜襟小西服取自燕尾服的造型，而宽臀窄腿的板裤将体形的勾勒推向了极致，最终紧紧地抓住了众人的视线与呼吸。（右中图）

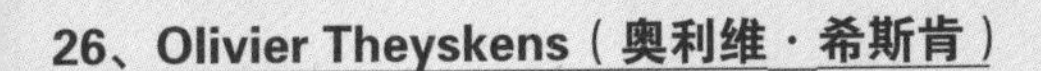

26、Olivier Theyskens（奥利维·希斯肯）

这款黑色调的长礼服裙采用上收下敞呈传统造型的A字造型，但设计手法和细节极具现代感，这也是比利时设计师们所擅长的解构主义路线。在胸前的分割精准而巧妙，嵌入的蕾丝拼出交错的感觉，同时自然分出胸线结构。吊带上的双层黑色蕾丝互相交错，富于层次和变化，黑白交混的印花神秘鬼魅，多层纱重叠的裙缕依然飘逸，减轻了黑暗、冷硬的哥特味。（左下图）

这款简洁的带光泽白色连衣裙，款式普通却美轮美奂。设计师以褶皱为设计手法在领口、门襟运用，经典雅致的繁琐与现代女性的沉稳被Olivier Theyskens用布料裁剪的方式完美表现了出来。Y型领的设计大方而简洁，凸现设计师的精心构思。无袖宽沿的设计与腰线呼应，整款上身设计繁琐，形成的褶皱和下身相对直板的短裙形成对比。整款裙装包裹着模特白皙的皮肤，将即将隐世的庄严与高贵，以及象征辉煌的威慑感在这一时刻被无声无息地表现了出来，这种含而不露的情调只有细细品味才能得出，这也是Olivier Theyskens设计成功的关键。（右下图）

27、Peter Dundas（彼得·邓达斯）

这款设计正体现Dundas心目中的典型Ungaro女人形象。设计师以松软的宽肩、收腰、阔臀结构诠释了流行感，胸口处以低胸造型处理，合体细密的褶皱与袖肩处高耸松散的泡袖形成视觉对比、相得益彰，同时也将此区域成为设计的重点。衣身的两处绳结编织变换了设计技巧，增添了一份女性柔媚韵味。在材质运用上，设计师将透明薄纱与亚光绸布交替使用，加上具有复古情调的绿色，整体上演绎出花丛般的世界。（左图）

在这款晚装设计中，Dundas摒弃了曾经夸张的印花图案和艳丽色彩，用简洁的白色和精准的裁剪，展现摩登又性感的利落线条，从中既有以优雅著称的Ungaro风格，也融入了从Roberto Cavalli带来的淫逸情调。设计师在胸前设计敞开，将衣片从肩部一直划开到腰中心，与裙身相连接产生结合点，使裙子不经意间形成放射状的垂荡效果，长及脚踝的结构更平添一丝古希腊式美感。通过设计师的巧妙构思使原本性感的礼服立即升温，曼妙身姿顷刻间妖娆无限。（右图）

28、Phoebe Philo（菲比·菲洛）

Phoebe Philo 对于复古甜美和古典优雅这两个词把握得游刃有余，这款设计采用薄纱材质，做成随意蓬起的“荷叶一样摇摆”的小短裙，配上短袖翻领合体小衬衫，展现 Chloé 的品牌内涵。衬衫的领口处用薄纱材质做成花一样的荷叶花边自由装饰于胸前，既随性又精巧，伴随着整款曼妙透视薄纱，将高贵可爱小女人的甜美味一下子展现了出来。Phoebe 对短裙腰间处理很特别，设计师采用束带效果，腰带上的束条将打褶结构自然流露。用薄纱作为服装的主体材料，更显出剪裁工艺的精湛。整体上飘逸流畅的设计感觉衬托出少女洁净素雅的气质，手法重复的设计加上单一的颜色，配上简单的装饰，美妙的设计便诞生了。（左图）

Phoebe Philo 在服装的选择上倾向于优雅的成熟化，她喜欢在袖子和服装边缘上做处理，如造型夸张的羊腿袖、温文尔雅的蝴蝶袖、可爱张扬的泡泡袖，以及热情洒脱的喇叭袖……蕾丝的运用更是游刃有余，镂空的花边散布在领口、袖间、裙边，蕾丝与低领口，与大身面料巧妙的结合在一起。所有的设计不仅技法娴熟，而且洋溢着一股甜美的青春气息。配饰上更利用大型醒目的金属饰物，以浪漫夸张的方式点缀了波西米亚风。这款收腰的短连身裙呈 X 字型，上下宽松，腰间收缩，设计带着 20 世纪 60 年代的波希米亚风格。袖子是温文尔雅的蝴蝶袖结构，宽松落肩表现出衣料的飘逸感，领口边沿和胸前两侧饰以棉质花边，结合整款淡雅的米黄色显示出少女的内敛和低调甜美感，这是设计师所擅长表现的 20 世纪 60 年代的少女风貌。高腰处衣片单独裁制，分出上下部分，将折褶收服其中，塑造出优雅的 X 造型，有点短的裙摆自然蓬松飘逸起来。（右图）

29、Rei Kawakubo（川久保玲）

这款作品，一如既往的有着另类的设计理念，首先表现在搭配组合怪诞。粉色的小礼服裙半遮半掩地与黑色男式西服和白色衬衫配合，女性的甜美揉和在男子气的深沉中，这既是解构思潮的延续，又是川久保玲中性风的新表现。其次服装结构上独具创造力。川久保玲手中的小礼服完全打破常规，虽是完整的吊带篷裙款式，却不合常理悬挂在外套上，有戏剧化的风格；当然还少不了川久保玲式的边缝，这次的毛边效果由黑色的蕾丝来表现，簇拥在裙摆上，展现出内敛的美感；川久保玲在她的设计中一直保留着许多日本元素，这次精心缠成的发髻是严谨的日式风格。整体设计繁而不复，色彩和细节都让人深深地品位到那纯净的美感，体现了东方人的内敛含蓄而不失张力。（左图）

川久保玲有着强烈的民族主义精神，他以非政治性的手法，不经意间传递出大和民族的传统特质。川久保玲喜欢在作品中玩弄隐喻式的文学，设计师运用立体派的美术概念，切割并撕裂透明的网眼薄纱、再将其重新衔接，以不规则的方式拼缀在白色收腰薄毛料洋装里，高级的解构手法直接让人联想到 19 世纪的法国画家 Braque 和 Picasso！借鉴日本和服高腰线的白色宽腰带束在胸线的位置，下搭结构特别的格子裙。上衣的巨大红色圆形图案隐藏在薄纱拼缀下，若隐若现地点出设计主题。模特重彩白色妆正是日本浮世绘的典型手法。川久保玲以轮廓完整的主题思想，建构混融着属于她独有的传统与反叛。（右图）

30、Sonia Rykiel（索尼亚·里基尔）

黑白条纹是 Sonia Rykiel 的经典招牌，设计师以此作为整款的面料，通过条纹的不同方向拼接透出趣味性。阔型属宽松的 H 型，加长的针织外套搭配超短裙，均匀的宽条纹轻松活泼地跳跃出快乐的阳光心情。在简洁主义风格主导下，银色的皇冠状发带使整体设计更加丰满，优雅的黑色花朵用有点闪光的面料来表现，与漆皮大黑包交相辉映。（左上图）

对于女人来说，拥有 Sonia Rykiel 的冬天，一定可以兼备美丽与温暖双重享受。在冬日，除了艳色，灰色也能增添别样温情，设计师以灰黑为主调，充满诗意，通过灰色深浅变化、材质表面不同肌理来达到设计效果。在针织设计上独具一格的 Sonia Rykiel 巧妙地用各种工艺改变中规中矩的针织衫造型，斜向、披挂、卷边、不对称结构、蝴蝶结，加上针织品多变的纹理效果，营造出高级女装的风范。搭配的灰色斜帽沿仕女帽欲遮还掩，低调而具现代风尚。（右上图）

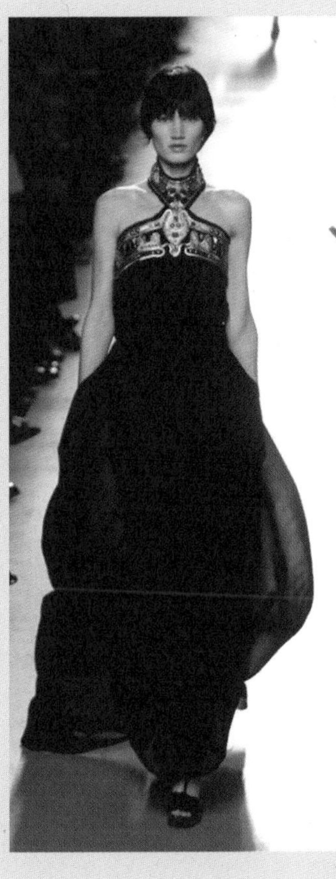

31、Stefano Pilati（斯特凡诺·派拉帝）

这款黑色的古希腊风格长及脚踝礼服，上身合体，自腰处向外蓬松，造型自然。整款设计以刺绣秀出精致工艺，并以 20 世纪二三十年代走红的立体派艺术概念手法作点缀，绳带、珍珠、塔夫绸等多样材质的手工拼接烘托出层次感与高档品味，轻柔的黑色丝缎与神秘华丽的黑金色系装饰组合，演绎出法老王般的奢华谜样情调，与女模的埃及艳后发型相得益彰。Stefano Pilati 用设计赋予黑色不同寻常的生命，展现黑色的诱惑，抽象画派的装饰图案从胸前延伸到立领，颇得 YSL 设计风格精髓——艺术化的高品位。此外，黑色鞋款线条简洁利落，其透明如镜的鞋底，更在细节处展现了无限创意。（中下图）

对 Pilati 个人而言，一直努力将 YSL 强而有力而纯粹的风格，转化为摩登语汇，眼光独到的他重新审视了 YSL 风格的本质与元素：完美的剪裁、深不可测的结构，以及帮助女性创造主流之外的自我风格。这款宽松罩衫配背带裙，以纯正的黑白搭配，皱褶环领上的精巧滚边与袖子上的黑色镶条呼应，创造出精致奢华的玩味，束腰配饰让曲线更显姣好。YSL 一向看重体积感的设计，而 Pilati 也再一次地将此特点改良运用，微微蓬松的罩衫袖、收紧裙摆口后自然蓬起的裙子以及领口皱褶制造的一点蓬松感，呈现出一个清新而不夸张的造型，加上渔网袜，营造出超乎奢华与极致之外的纯净优雅！（左下图）

32、Vanessa Bruno（凡妮莎·布鲁诺）

Vanessa 每一季都会推出一些全新的款式，在线条、结构、颜色或是构想上做变化，她认为保持品牌的新鲜感是不可或缺的。设计师以折裥为主要设计手法，整款看似简单，实则结构复杂，在简洁的泡泡袖连衣裙上设计师发挥了她的想象，前胸的褶皱由领口自然蜿蜒分布，独特的剪裁为连衣裙注入了新的活力。黑色的紧身裤袜与白色的连衣裙对比强烈，加上随意的发型，不时地告诉人们这是 Vanessa Bruno 的服装：性感在加点摇滚的味道。整体穿着合体轻便自如，活泼中带点不羁，随意间流入精致。这款设计具可穿性，注重自由并且自然的配搭，体现 Vanessa 一贯的设计主张。（上图）

作为时尚、独立的女设计师，Vanessa Bruno 了解女性的追求和喜好，更能把握时尚的节奏，设计师以舒适的面料和稍宽松的造型，使作品充满了法国时装特有的优闲轻松感，而且简单易穿。这款设计带着一点洒脱风格，随着模特轻盈的脚步迈出时尚惬意的享受，轻松自如却一点不缺精致和性感。Vanessa 擅长混合各种面料，尤其对丝绸的面料的处理别具一格。这款设计以丝绸作面料，顺滑的丝绸在模特身上自由的流淌，流泻的线条飘荡起青春的活力。领口处是设计眼，松垮设计的多层次无袖连衣裙，结构上很复杂，分不清披挂的界限，但在颈部终结。灰蓝的色调彰显高贵的品质，深灰和银灰的对比沉稳而不失情趣。这就是 Vanessa Bruno 的服装：自由洒脱，可以出入大街商场，也可以在不期而至的宴会和派对上光彩照人，带着一股不食人间烟火的仙子气息。（下图）

33、Véronique Branquinho（薇罗尼卡·布朗奎霍）

这款设计采用设计师最喜爱的针织手法，白色的高领紧身针织衫外罩手钩紧身胸衣，构思很独特。纯手工的精致钩针制作再现出女性与生俱来的柔美，胸衣的制作在结构上也有独特的构思，如裁剪服装那样分为清晰的胸片、下摆和侧片，突破手工织物的塑型弱点。裙装是后现代风格的表现，拼接、层叠、毛边处理、不齐整的下摆极大地丰富了整款设计语汇。对比强烈的蕾丝面料和牛仔布被设计师巧妙调和在一起，低调复古的性感悠然而现。（左上图）

简洁的款式轮廓，针织短衫和及膝的小A裙，变化的是设计师源源不断的细节元素。细节处的精致设计，将平凡的服饰变得耐人寻味，值得细细观赏，那正是设计师独特的风格和吸引顾客的手段。黑色和亚光绿色的搭配，沉实寂静，带着浓浓的深秋的色调，暗示着蕴藏的生机。领口是设计师的招牌针织镂空花工艺运用，是整款的出彩部分。裙子低腰处的处理隽永含蓄，细小的抽褶、同色同料的蝴蝶结显现出设计师的精心构思。针织帽饰的搭配使整款风格显得年轻、随和及舒适。（左中图）

34、Véronique Leroy（薇罗尼卡·里洛伊）

运用粗针线的技法进行设计，这种手工的编织使廓形有了更大的伸展性，超大的膨松袖，超短的灯笼裤，性感而随意，袖口只是大袍上留出的一个洞，像祖母信手编织的半成品，缝上装饰纽扣，束上本色的编织腰带，又充满了未来感。在迷你的线条轮廓中，清晰可见20世纪60年代的复古风情。淡雅的针织短衫，松软舒适的造型，一切显得如此的自然悠闲，柔和舒适，仿佛预示着未来服装所带给人们的现代感和舒适的享受。（左下图）

粗犷的人字形呢大衣，袖口较阔但有束腰的设计，剪裁颇为特别，服装的结构线条都浓烈地表露在服装上，产生错觉的袖子设计，成为服装个性的设计闪光点。墨绿色不对称设计的及膝裙，带有浓重的希腊痕迹，简单地成为了一种衬托。重金属的配饰是服装另一个亮点，具有现代感又带点儿工业氛围的沉重金属宽腰带，将女性曲线一下展露无疑，采用直线条的粗犷手环增添一份未来感，为整体服装奠定出特有的风格特征——重金属工业时代的感觉。烟熏眼的妆容更加强调了这种风格。服装整体风格统一，完美无缺，欧洲古典文化的神韵都表现在Veronique Leroy服装设计中，体现了设计师炉火纯青的设计手段和特立独行的设计风格。（右下图）

35、Victor & Rolf（维克特 & 洛尔夫）

绕回巴黎迂腐守旧路线，以黑色小洋装、法式风衣、灰套装或 Dior 感的圆篷裙晚礼服等正经装扮故作保守。为了惟妙惟肖地重现高级订制服黄金时代的时装表演方式，模特们戴上网眼面具，头上固定一小束下垂的卷发，并谨慎地模仿模特前辈们的举止，一如往常地带着诡谲的气氛。网状的击剑式面罩，欲盖弥彰凸显女性的神秘和诱惑力。此款设计取自风靡 20 世纪 50 年代完美夸张的 X 造型，但设计师设计思路是现代的，细致像折纸般的褶子拼出圆形的图案，中世纪的紧身胸衣抹胸处的多层褶用银色面料来表现。加裙撑的蓬裙，裙摆再染上金属色，尽显辉煌出众以及颠覆反骨。腿上也配合灰网眼长袜，将优雅高贵进行到底。（左图）

Victor&Rolf 的服装诡异、优雅并且可以说有点不符合逻辑。模特身上扛着带有灯泡的金属架，带来一种打破重力的悬吊视觉效果，灯光与服装浑然一体，仿似来自外太空的天外来客，无声昭示着：每个人都在表演自己的秀，带着自己的灯光、自己的音乐和自己的舞台。与大张旗鼓的表现形式相比，服装本身的设计则显得平和、安静。取材于荷兰民俗的印花图案清新悦目，简单的短夹克和苏格兰方格短裙这样极端实用的搭配让人恍然一切都是现实。为掩饰灯架的浅棕色披风在领口打成大结，也是设计的一部分，与颈部的红色徽章颈链配合。Victor & Rolf 搞怪的后现代风格，又一次如这对天才预期的那样，令所有看过的人难以忘怀。（右图）

36、Yohji Yamamoto（山本耀司）

在女装中融入男装的设计理念，再现女性帅气摩登的优雅中性。设计理念中仍不失矛盾的影子，不对称的衣摆，故意设计的不协调的褶皱，流线阔腿裤和宫廷味式泡泡袖……经过结构的包装，一切都展现出随意自然的别样风情。仍旧在藏青色和黑色中大显身手，整个舞台充满了一种低调沉静又夹杂一丝午后慵懒的感觉。立裁式服装的宽大松垮，营造出一种不合理的错觉。将领口线延长至腰节点，是包裹式服装最好的性感点。上衣的袖子是整套服装最具创意独特的地方，正常的衣袖垂荡闲置，而以侧缝长度为袖笼长接入另一更为宽肥的袖子。有点离奇却又不是天马行空的设计会使我们正中下怀产生视错。随意零碎的褶裥散落在腰间，点出了整套服装的细节表现。似裙非裙的下装与上装造型相得益彰，各显独特却又融合一体。低调的深灰色配以模特金黄的头发和复古黑皮鞋，整体素净但不单调，使优雅凸显。（上图）

山本耀司的服装没有奢华的材料，没有鲜艳的色彩，只是随性的剪裁和他个人非常喜欢的over-sized的设计手法，却有了低调华丽和离奇高调的评价。这也许就是当今时代对前卫和个性的解释吧！这款服装在干净整洁的招牌白衬衫上大做文章，配以亚麻质感的窄版外套，加上尖驳头和小翻领的映照，好一派英伦绅士的味道。下装是压皱布料制成的阔腿裤，以致混合中有一些叛逆的酷感。白衬衫门襟的下部以深灰色缎质褶皱装饰，是整套服装的视觉焦点，体现了中性风貌中柔美细腻的设计手法。精简短发小尖头，深棕色烟熏妆，如男孩般英俊的脸庞，这一切无不解释了山本耀司低调的霸气。（下图）

本章小结

巴黎是世界各地时装设计精英汇集之处，不同文化背景、肤色、国别孕育着不同的设计思路，由此在巴黎时装周上演着不同的设计风格和流派，设计师尽显所能将自己的不同体验化作为时装表现出来。本章选取的是巴黎时装周上展演的设计师及品牌，可以认为他们的水平代表着时装设计的发展方向，而其中法国本地以及来自比利时、意大利、日本等国设计师的作品非常值得细心揣摩和研究。

思考与练习

1、分析巴黎设计师的设计风格和特点，试以具体设计师作品作说明。
2、分析在巴黎的比利时设计师的设计风格和特点。
3、分析在巴黎的日本设计师的设计风格和特点。
4、选取 Jean Paul Gaultier 一款作品进行模仿，体验设计师的设计理念和设计内涵。
5、选取 Ann Demeulemeester 一款作品进行模仿，体验设计师的设计理念和设计内涵。
6、模仿 Jean-Charles de Castelbajac 的设计风格，在此基础上进行再设计并制作一款服装。
7、模仿 Victor & Rolf 的设计风格，在此基础上进行再设计并制作一款服装。

第二章

米兰时装设计师及作品分析

米兰设计师对时装的理解，以及设计风格、设计思路、设计手法、设计特点均有其独特见地，本章介绍米兰时装设计师，试图就此进行深入分析，探究意大利设计师独特视角。文中设计师的具体排序以其名字或品牌的起始字母作依据。

第一节　米兰时装设计师概述

一、关于米兰

“时装之都”米兰是意大利最大的工业和金融贸易中心，同时，米兰还是高级成衣发源地，世界一流的面料制造基地。时装在米兰的时尚业中一直占据着不可动摇的地位，米兰时装周也一贯被业内人士誉为引领世界时装设计和消费新潮流的“晴雨表”，各种特殊质地的布料、新颖独特的色系组合、风格各异的坤包……无不吸引着人们的“眼球”。每年2月和9月举行的“米兰高级成衣时装周”是世界四大时装周之一，引领世界时装发展潮流。米兰的马兰哥尼时装设计学院是培育设计师的著名学院，许多优秀设计师都从这所学院毕业。

与巴黎相比，米兰没有高级女装业，米兰时装主要靠高级成衣与巴黎竞争，意大利向来以裁剪精良著称，意大利设计师在汲取巴黎高级时装的精华的基础上，融合了意大利的时尚特质，加上现代商业模式运用和不断应变的设计能力,，使米兰渐渐成为与巴黎比肩的时装之都，成为流行界深受瞩目的焦点。

米兰的服装是新奇、性感的，当然，这种新奇和性感并不是过度裸露和卖弄风骚，它深刻而内敛，精致细腻深入骨髓。相对于追求奢华的巴黎时装，米兰时装设计更具可穿性，米兰设计师深谙消费者的心理，他们的作品无论走街头风格，还是走性感路线都秉承实用至上原则。那么，到底是什么力量让米兰如此“多娇”呢？这当中，那些执著追求和不懈努力的设计师功不可没。意大利拥有世界三分之一的顶级时装设计大师，他们自成体系，形成了属于自己的一种风格，追求高雅、舒适、自由和性感，是现代审美情趣和生活方式的完美诠释。

二、米兰时装设计师的设计风格

1. 米兰的奢侈品牌设计师

米兰拥有诸多世界顶级的奢侈品品牌，代表意大利时装风格的 Armani（阿玛尼）、Prada（普拉达）、拥有双G字母的 Gucci（古奇）、双F字母的 Fendi（芬迪）、性感艳丽的 Versace（范思哲），低调品牌都是赫赫有名的顶级品牌。

由 Armani 本人执掌帅印的 Giorgio Armani(乔治·阿玛尼)，优雅含蓄，大方简洁，做工考究，服装的中性化剪裁打破阳刚与阴柔的界线，使 Armani 成为引领女装迈向中性风格的设计师之一，他走年轻化时装路线的副牌 Emporio Armani（安波罗·阿玛尼），也秉承主线的风格，不改 Giorgio Armani 的设计神韵，大受年轻人的欢迎；由 Miuccia Prada(缪西娅·普拉达)接管的 Prada 注重体现现代美学的极致，将不同材质、肌理的面料统一于自然的色彩中，可以说，Prada 的每一季发布会都是时尚潮流的完美展现；由美国设计大师 Tom Ford（汤姆·福特）曾担纲设计的 Gucci，是典型的意大利品牌服饰，它一直以简单设计为主，剪裁新颖，成为典雅和奢华的象征；起家于制造手袋和皮草的 Fendi，则是以创新的设计震撼时装界，设计师 Karl Lagerfeld 富有戏剧性的设计理念使这个意大利裘皮王者随着时间的推移，不断前进，让 Fendi 品牌的毛皮服装更加生活化、时装化，走近更多的消费者；继创始人 Gianni Versace（詹尼·范思哲）之后，Donatella Versace（唐娜泰拉·范思哲）掌管 Versace 的总设计，她的设计风格鲜明，款式性感漂亮，色彩鲜艳，女性味十足，衣服处处流露对梦想的写意。

2. 米兰的个性品牌设计师

以精湛做工而闻名的意大利并没有因为太追求完美和强调米兰精神而显得“平淡无奇”，许多品牌融合了自己特有的品牌文化气质，创造出高雅、精致的服装风貌。它们的价格也许不像那些奢侈品品牌的产品那样高不可攀，但同样是魅力的源泉。充满野性和欲望的 Roberto Cavalli（罗伯特·卡瓦里）、以一个美丽的奇迹而著称的 Anna Molinari（安娜·莫里娜瑞）品牌、以极简主义著称的 Jil Sander（吉尔·珊德）、“印花王子” Emilo Pucci（普奇）、梦幻般的 Marni（玛连尼）、幽默诙谐的 Moschino（莫斯奇诺）、充满东方风情的 Etro（艾巧）、集雕塑感和中性文化为一身的 Gianfranco Ferre（詹佛兰科·费雷）、“条纹专家” Missoni（米索尼），以及雪纺之王 Alberta Ferretti（艾伯特·菲瑞蒂），使米兰的 T 台充满绚丽。

由时尚的先驱者 Roberto Cavalli 创立的同名品牌 Roberto Cavalli 是米兰时尚圈最“野”的品牌，他的作品中充满了矛盾，简单与奢华，质朴与华贵……它们的融合彻底瓦解了传统的搭配理论，成为了新生代的审美取向，隶属 Roberto Cavalli 的副牌 Just Cavalli，是专为年轻人设计的品牌，其狂野性感的风格成为时尚潮流的先锋，成为年轻人追求向往的时尚品牌；由 Anna 的女儿 Rossella Tarabini（罗赛拉·塔拉毕尼）负责设计 Anna Molinari 品牌，以高雅的材质和精致的剪裁出发，打造优雅、自信的都会女性。绽放中的红玫瑰是 Anna 的最爱，设计师巧妙地将玫瑰花融入每一件服装中，让穿上它的女人，都如绽放中的玫瑰般迷人；设计师 Raf Simon（拉夫·西蒙）执掌的 Jil Sander 品牌，自始至终的将“less is more”设计理念贯彻到底，展现惊艳的结构之美；最早使用高科技面料的意大利品牌 Emilo Pucci，设计师 Matthew Williamson（马修·威廉姆森）依照 Emilio 擅长的图案印花设计概念为本进行创作，每一季均为 Emilio Pucci 带来充满惊喜的图案，颜色多姿多彩，图案鲜艳独特；由 Consuelo Castiglioni（康斯薇洛·卡斯蒂廖尼）担任设计的 Marni，以优雅、柔美和带有一丝梦幻般的风格掳获全球女人；由 Rossella Jardini（罗赛拉·嘉蒂妮）担任创意总监的 Moschino 品牌，高贵迷人，时尚幽默；在设计师 Veronica Etro（维若妮卡·艾巧）带领下的 Etro 品牌，充满华贵韵味而又不乏现代气息；Gianfranco Ferré 品牌，虽然创始人 Gianfranco Ferré 于 2007 年 6 月的辞世，但是他建筑师般的完美剪裁和精湛工艺仍然是品牌的灵魂标志；以针织著称的 Missoni 品牌也具有典型的意大利风格，几何抽象图案、多彩线条、鲜亮的充满想象的色彩搭配使 Missoni 服装更像一件艺术品；雪纺王后 Alberta Ferretti 创办的同名 Alberta Ferretti 品牌，注重浪漫细节的简洁风格，而且每个细节都追求完美，以优美的立裁褶皱和罗马风格作为招牌，“和谐统一”是 Alberta Ferretti 品牌服装给人的最初印象；来自撒丁岛的 Antonio Marras（安东尼欧·马拉斯）在设计理念的运用上保留品牌的印花风格，又将不同类型和风格混在一起凭借其华丽而讲究的剪裁功夫，不但为自己名字命名的品牌塑造了独特的形象，也曾为 Kenzo 注入了新的时尚理念。

3. 米兰的创意品牌设计师

纵观米兰时装，它似乎更强调与现代人生活形态的水乳相融，不仅在布料、颜色与款式上下工夫，更要在机能与美学之间取得完美平衡。令人欣喜的是，这种设计哲学也得以体现在一些算不上顶级奢侈，但是也具有时尚优雅又或是妙趣横生、注重品质的高级品牌中。

由 Domenico Dolce（多梅尼科·多尔切）和 Stefano Gabbana（斯特凡诺·加巴纳）共同创立的 Dolce & Gabbana（多尔切 & 加巴那）品牌服装是典型的意大利风格，它不仅浪漫、风趣，而且极度性感，女人味十足，品牌结合了来自意大利的万种风情，为时尚圈带来活力四射的风格与创意；具有非常规意味的 6267 品牌，由 Roberto Rimondi（罗伯特·里蒙迪）和 Tommaso Aquilano（托马索·阿奎拉诺)共同担任设计，每季都有不俗的创意，如今以设计师名字命名的 Aquilano.Rimondi 品牌更具创造力和市场潜力;由加拿大双胞胎兄弟 Dean（迪安）和 Dan（丹）创立的 Dsquared2（D 二次方)，狂野奔放，让人又爱又恨;年轻的英国女设计师 Clare Waight Keller（克莱尔·韦特·凯勒）曾担任苏格兰老字号 Pringle of Scotland（苏格兰普灵格）品牌首席设计师，期间其品牌的价值和声望就呈现不断攀升的趋势；还有 John Richmond（约翰·瑞奇蒙德)，他的服装表现着一股不羁感性与狂野时尚，层出不穷的时尚创意让人肃然起敬，是 John Richmond 将时尚前沿的女性彻底解放出来；而 ICEBERG(艾斯伯格)公司创意总监 Paolo Gerani（保罗·吉拉尼）喜欢在服装颜色和图案上演绎复杂多变的个性，它的款式是现代的，风格永远常新，有意大利的精致幽雅精神，又有英国式的优雅冷漠和美国式的随意亲切。

世界时装名城中米兰崛起最晚，可现今俨然已成为业内翘楚，并有与法国巴黎时尚一争高下之势，是巴黎的霸主地位的最大威胁。这一切与米兰设计师所作出的努力分不开，意大利时装设计师知识渊博、通晓民俗风情，他们在设计时装时不拘一格，随意发挥，设计作品使世人惊叹。

第二节 米兰时装设计师档案

一、Alberta Ferretti(艾伯特·菲瑞蒂)

1. 设计师背景

Alberta Ferretti1 于 950 年生于意大利的 Cattolica（卡托里卡)，自幼在母亲的小制衣作坊里当帮手长大，受到比任何科班出身的服装设计师更多的熏陶。18 岁那年，她开始经营自己的小店，出售 Armani、Krizia（克里琪亚)、Versace。1974 年 Alberta 设计她的第一个女装系列，1980 年 Alberta 与他兄弟 Massimo（马西莫）共同建立家族公司“Aeffe”，她本人任总经理，Massimo 任董事会主席，次年推出首个品牌秀。1984 年推出 Ferretti 牛仔系列，然后更名为 Alberta Ferretti，1997 年分别在伦敦、米兰和罗马开设三个精品店。作为奢侈品集团，Alberta Ferretti 还是 Moschino、Pollini（波利尼）品牌的控股方。

当日的小店发展成了意大利数一数二的时尚集团，Alberta Ferretti 也从店主晋升为集团主席，同时肩负着品牌 Alberta Ferretti、二线品牌 Philosophy di Alberta Ferretti 的设计工作。在 Ferretti 的工厂里，有着世界上最先进的制衣机器，Moschino、RifatOzbek、Narcisob Rodriguez、Jean Paul Gaultier 的成衣，还有 Alberta Ferretti 自己的两个品牌就在这里出厂。

2. 设计风格综述

Alberta Ferretti 擅长轻柔、妩媚、浪漫风格的设计，女性味十足的轻纱薄缕飘带是 Alberta Ferretti 标志性的设计。整体而言，Alberta Ferretti 的设计时时透出些许古希腊的遗韵，综观当今时装界，Ferretti 这种古典美追求在当下流行的颓废、另类、前卫、街头中反而显得另类和与众不同。女人靠“媚”取胜，是 Ferretti 至理名言，这种“媚”感更多是传统审美的表现，而非“媚”态的做作。Ferretti 的设计无论颜色的搭配还是装饰品的运用都极其融洽，她擅长将一些细节加以装饰美化，不论是亮片的点缀、还是高贵的面料装饰花样，她都能处理得优雅华美，用“完美、经典”来形容 Alberta Ferretti 的服装是一点都不过分的。

二、Alessandro Dell' Acqua(亚历山德罗·戴拉夸)

1. 设计师背景

Alessandro Dell' Acqua 于1962年12月21日出生于意大利那不勒斯，1981年从那不勒斯艺术学院毕业。1982年Dell' Acqua为Marzotti（马佐提）精品集团服务，23岁时担任了意大利流行品牌Genny（詹妮）的设计师，他的同事中就有日后大名鼎鼎的Versace（范思哲）。1987年Dell' Acqua担任著名纺织品品牌Pietro Pianforini（皮特罗·偏佛里）的首席设计师，成为时尚界最令人期待的超级新星。同年他与Matteo Guarnieri（马提奥·瓜尔纳里）合作建立了品牌Della' Acquae Guarnieri。1996年Dell' Acqua首次在米兰春夏时尚周发表女装作品，令国际媒体为之惊艳不已。1999年1月，Dell' Acqua首度发表男女内衣及泳装系列，细致的设计风格，将性感的元素与其魅力发挥得淋漓尽致，大受欢迎。2002年6月，Dell' Acqua获得了意大利时尚公会颁发的“New Women's Designer”奖项，表明了他在流行时尚界的重要地位。Dell' Acqua是位多产设计师，他同时还为著名的La Perla（拉·佩路拉）设计内衣，替瑞士的Bally（巴利）公司设计鞋款。

2009年是Dell' Acqua转型的一年，他放弃了以自己名字命名的品牌，以自己的出生幸运数字21作为品牌的名称，创立了No.21品牌，希望告别过去，诠释出全新的设计理念。自2010年亮相后，Dell' Acqua的设计简洁、淡雅，其新颖的裁剪更适合日常生活穿着。

2. 设计风格综述

20世纪中后期是一个充满了奢华理想的年代，人们对于这一时期生活方式探求所激发出的享乐主义的生活理念延续至今，社会崇尚的是尊贵优越的生活和放纵无节制的复古之风。Dell' Acqua的设计恰当好处的迎合了这种潮流，在设计中大量使用新潮现代的手法表达过去时光的复古情感。

追逐潮流但又并不赶超潮流，细腻的设计细节和对面料的慎重选用是Dell'Acqua一贯的特点，简约优雅的搭配、清爽的色调是他的招牌设计理念。他的设计缪斯有Anna Magnani（安娜·玛格纳尼）、Sofia Loren（索菲亚·罗兰）和Monica Vitti（莫尼卡·维蒂），Alessandro的设计常常流露出意大利女性的经典美感。同时设计师常常不经意地将异国情调风渗入其设计中，2008年春夏的东方风格表现颇具代表，Dell' Acqua以日本摄影师Araki的作品为灵感，设计兼有日本和中国元素的运用，如宽腰带式外套、东方风格图案丝绸。Dell' Acqua特别擅长选用诸如雪纺、蕾丝、薄纱等轻薄面料设计裙装，那以微微发亮的材质制作的连衣裙已成为品牌的招牌。

三、Antonio Marras（安东尼·马拉斯）

1. 设计师背景

Antonio Marras于1961年生于意大利撒丁岛，父亲是一面料商店主，自小在父亲的面料店里熏陶下长大。他从没接受过正规的时装设计课程学习，凭着感悟而踏上时装路，可以算得上自学成才。1988年参加婚礼服设计比赛而得奖，之后在多家公司任设计助理。1999年，他以个人名义推出Laboratoire女装，传递出华丽、飘逸、充满民族气息的风格。2002年推出了男装系列。2003年对Marras而言是事业上的一个高峰，他获LVMH集团邀请出任Kenzo艺术总监一职，主理Defile系列了，2011年7月离任，由来自美国的Humberto Leon和Carol Lim替代。

2. 设计风格综述

Antonio Marras一向欣赏Kenzo的现代感，以及其在延续了传统的同时又发展自身的特性。同时他也喜欢用自己的方式将看上去完全不同的类型和风格混搭在一起，组合成自然的诗意，如他经常尝试运用高档精细的刺绣、在上乘面料上进行随机挖洞处理。Antonio Marras 不想把 Kenzo 仅仅做成一个散发着浓厚民族情怀的品牌，认为“民族”风格太局限。他认为 Kenzo 应该是糅合传统文化的，而民族只是其中的一个元素，提炼出不同文化的精髓，加上花卉、图案、条纹等元素，混合一起再重新组合，运用心思设计出另一面貌才是 Kenzo 的风格。

四、Consuelo Castiglioni（康斯薇洛 · 卡斯蒂廖尼）

1. 设计师背景

与其他意大利服饰公司相仿，Marni 的诞生是为了延续其父母留下的皮草公司的事业，由 Primo Castiglioni（普瑞莫 · 卡斯蒂廖尼）创建于 20 世纪 40 年代的 Ciwi 公司直到 20 世纪 90 年代中期还保持良好的业绩，后受环保思潮的影响，皮草业大幅度衰退，让公司继承人 Consuelo 和她丈夫 Gianni 举步维艰。1994 年，由 Consuelo Castiglioni 出任主设计师的全新品牌 Marni 横空出世，Consuelo 由一个传统的意大利主妇转变为一名富有创造力的设计师，其首个设计系列中的“毛茸茸的玩意儿”设计成为了畅销产品。如今 Marni 已迅速发展成为一个全方位的顶级品牌。

虽然 Marni 是意大利顶级品牌，但它却十分的低调：任何年纪、文化背景、身体类型的女性都可以在 Marni 的系列中找到适合她自己品位风格的产品。除了 RTW 和 Resort 系列，Marni 还有全面的配件系列，包括包、、鞋、眼镜和其他饰品。这些系列统一在优雅、柔美、奢华的设计风格中，并且讲究细节和材质的品质。

2. 设计风格综述

Marni 的设计师 Consuelo Castiglioni，早期的作品像一个纯洁浪漫的小女孩家庭裁缝师，而在近几年逐渐变得成熟起来，设计师 Consuelo Castiglioni 本人也说：“现在该是让 Marni 女性成熟一点的时候了！”于是，设计师凭借其与生俱来的写实搭配与量感概念，真实捕捉时下女性们的穿着搭配，将其运用于 Marni 设计中。Consuelo 的设计很随性，她说：“我只是设计我喜欢穿的东西，所有系列都是出自于偶然。”虽然简约风潮盛行，但她凭借童话般的造型、不同图案新旧服饰互相配搭的创意理念，在时尚界独树一帜，并掀起了自由搭配的热潮。她擅长运用丰富明亮的色调、大胆多变的图案印花和自然的材质，使其服装犹如艺术家挥洒色彩，让颜色呈现出最佳的搭配效果，加上精致的剪裁与别致的面料，Marni 诠释出的是自信、潇洒、优雅、摩登的时髦风范。时装界怀旧设计盛行更使崇尚自由搭配的 Marni 如鱼得水，它是 21 世纪初波希米亚风潮的引领者。

五、Dolce & Gabbana（多尔切 & 加巴那）

1. 设计师背景

Domenico Dolce 于 1958 年出生于西西里岛巴勒莫附近，Stefano Gabbana 于 1962 年出生于米兰。两人在携手共创 Dolce & Gabbana 品牌前，Domenico Dolce 和 Stefano Gabbana 这两个意大利人的人生道路是全然不同的，一个小时便常跟随父亲在小服饰店内选布料、剪裁与缝纫，另一个则与时装完全搭不上关系，直到他们在米兰相遇，才促成 Dolce & Gabbana 的诞生。1982 年他们开始合作创业，同时继续从事着自由设计师职业。1985 年，受邀参加米兰的“设计新人展”，正式成立 Dolce & Gabbana 品牌，1986 年发布首场女装秀，引起轰动，产品线迅速扩展到针织衫、沙滩装、男装、饰品和香水。1994 年副牌 D&G 正式上市，其清新的风格和绚烂的色彩曾赢得众多粉丝的青睐，但 2012 年结束了春夏秀后，Dolce & Gabbana 宣布关闭这一副线品牌。

Dolce & Gabbana 的作风非常独特，创业初步不但婉拒交付大成衣工厂代工生产，坚持自己制版、裁缝样品、装饰配件及所有服装，而且还任用非职业模特儿走秀，对于当时讲究排场的时装界，是相当别具一格的。这一品牌是标有 " 意大利制造 " 的产品的新生代的顶级代表，很快便享誉全球。

2. 设计风格综述

Dolce & Gabbana 是一个充满情感、传统、文化和地中海气息的意大利品牌，以狂野起家，以魅力和多元化而著称世界。Dolce & Gabbana 塑造国际化的女性，穿梭全球，穿着极端性感的紧身衣或在透明的服装下露出文胸，衬以极端男性化的细白条纹服装，并搭配领带和白衬衫或男装背心，但总是穿着高跟鞋，迈着极为女性化和性感的步伐，骨子里总是女人味十足。其二线品牌 D&G 则以另类时装风格征服了大批年轻人，变幻莫测，有时还带着些反叛的味道。不论在款式及颜色上，都显得独树一帜，在设计上大量选用各种新奇的材质，使其服装时髦富有个性。

西西里岛，这一 Dolce 的出生地，Gabbana 孩时最爱的旅游地，给了他们无穷的灵感，传统的西西里女孩（不透明的黑色长袜、黑色蕾丝、农夫衬衫、披巾流苏）、拉丁族的性感尤物（束胸衣、高跟鞋、内衣外穿）、西西里黑帮（细条纹套装、娴熟流畅的做工），这些都成为 Dolce & Gabbana 独特的标志设计。这些极端的对立：男子阳刚之气和女性的阴柔妩媚，天真淳朴和罪恶满盈，轻柔和强硬，Dolce & Gabbana 把玩得十分兴奋。除了南意大利西西里岛的创作灵感，强调性感的曲线，像内衣式的服装剪裁，也是 Dolce & Gabbana 最典型的服装造型。Dolce 对服装的裁制追求尽善尽美，Gabbana 偏重戏剧化的设计构思，两人的搭档使他们的品牌成为追星时代的明星品牌。他们在时装设计上视角独特，创造着属于他们自己的时装品牌。两位设计师将他们的意大利精神变成一面旗帜，将他们感性而独特的风格演绎并推行到全球，是无可争议的设计先锋人物。

六、Dean & Dan Caten（孪生兄弟）

1. 品牌背景

Dsquared 2（D 二次方）最初是个男装品牌，由来自加拿大的孪生兄弟 Dean 和 Dan Caten 于 1994 年创立，2003 年开始推出女装及男装内衣系列。这两兄弟当上时装设计师的原因颇有趣，只因他们找不到合身的简约舒适衣服，基于这一需求的设计完全是两兄弟的个人风格产品，个性化十足又有强烈的时尚感，同时极力卖弄性感。这个品牌创立至今，越来越吸引年轻人的目光，它像强力的磁石，一旦爱上就无法放弃！

品牌刚创立时，就得到了时装领导者之一的麦当娜的垂青，2002 年受麦当娜的邀请为她设计 150 套服饰，作品包括她唱片“Don' t Tell Me”中的形象。穿着 Dsquared 2 牛仔服的麦当娜让原本阳刚的牛仔服展现出时尚性感，成为了麦当娜的最爱，牛仔服遂成了 Dsquared 2 品牌的主打品类。此品牌是麦当娜最喜欢的牛仔休闲品牌。现在此品牌更是受到众多好莱坞明星的喜爱，其代表人物有布莱德·比特，其狂热程度与日俱增。

随着品牌声势的茁壮成长，如今 Dsquared 2 已经渐为米兰一个潮流先锋，吸引了一大批观念新潮、勇于创新的男女玩家。

2. 设计风格综述

意大利品牌 Dsquared 2 将时尚、个性、性感完美融合，将美国大众艺术与精湛的意式剪裁组合在一起，设计特别注重细节修饰，成衣与配件系列都有着独特的魅力，同时不断地在作品中融入各种音乐风格和前卫艺术，这些已成为品牌的基石，并使 Dsquared 2 成为独特个性的代名词。Dsquared 2 的重点品牌风格就是“叛逆的华丽街头风”，牛仔裤与皮衣皮裤是该品牌的重点商品。

Dsquared 2 的经典品类是牛仔，在早期男装设计中大量出现。Dsquared 2 的牛仔服设计强调细节，如磨旧印染花纹、刷白撕破处理、链子铆钉装饰、铁布拼接等，设计师以此突出品牌的街头风和美式特点。Dsquared 2 的设计以超级性感闻名，品牌的超低露臀裤曾风行时尚圈。Dsquared2 还擅长皮革这一材质，以棕色皮革“chiodo”制成的皮裤合体，穿时能产生啪啪响声，集野性与性感于一体。

七、Donatella Versace（唐娜泰拉·范思哲）

1. 与设计师相关的品牌背景

Gianni Versace 的人生就像他的设计一样充满了色彩。1978 年创立了 Versace 品牌，他从裁缝店的学徒到时装界设计大师，从建筑系学生到跨国企业的创始人，从赢得美国时装界的奥斯卡奖到最后被暗杀于自家别墅门前，Gianni Versace 的每一段人生都是一个传奇。Versace 坚持自己的理念，勇于挑战传统思想，他倡导同性美学，大胆地启用具有争议的文化元素，将摇滚乐、前卫艺术和鲜艳色彩融入 20 世纪时装设计。很多巨星都是其设计的拥虿，如演艺界的 Michae Jackson、Dem Moore、Madonna 等等，在皇室贵族中也不乏大批青睐者，如摩纳哥的 Wales 王子和 Caroline 公主，就连已过世的英国黛安娜王妃也是 Versace 的忠实客户。1997 年 Gianni Versace 死于枪杀，他的胞妹 Donatella Versace 接手了这个拥有美杜莎标志的品牌设计重任。

2. 设计师背景

Donatella 在大学期间主修语言学，曾在公司里协助兄长，负责 Versace 品牌的广告形象工作。在最初接手时，Donatella 表示会延续 Gianni Versace 一贯的设计风格，也并不打算创立新的理念。由 Donatella 执掌后，Versace 的风格出现了或多或少地改变。她舍弃了原先的夸张和张扬成分，增添了更多的优雅性感元素，显然她的设计相较于 Gianni Versace 更加注重表达女性的浪漫情怀。

3. 设计风格综述

Gianni Versace 被认为是 20 世纪最有天分和最具影响力的设计师之一。他的设计灵感主要来源于 20 世纪 60 年代美国著名波普艺术家 Andy Warhol、古罗马的力与美学、古希腊独特的线条与色彩艺术，以及后现代抽象艺术。Gianni Versace 代表着一个时尚帝国，他的设计风格鲜明、独特、具有强烈的美感，而且女性味十足。他的设计不但融合了古典贵族风格的奢华和瑰丽，而且还能考虑穿着的舒适以及完美地展现体型。Gianni Versace 喜欢以斜裁的方式来巧妙地融合生硬的几何线条与柔和的身体曲线。他设计的很多大衣、套装、裙子等都延续了他的这一风格，以线条为标志，性感地表达属于女性特殊的曲线美。Versace 的作品总是蕴藏着极度的完美以至面临毁灭的强烈张力，强调快乐与性感，是极强的先锋艺术的表征。尤其是那些充满文艺复兴时期特色的华丽款式，充满了想象力。

八、Franco Malenotti（弗朗克·马勒诺提）

1. 与设计师相关的品牌背景

Belstaff（贝达弗）于 1924 年在英国 Longton（朗顿）创立，早期通过设计师 Harry Grosberg（哈里·葛洛斯堡）的防水外套设计，以及适合作战的面料特性开发而享誉全球。此外 Belstaff 还运用高级埃及棉精织的“Wax Cotton”，使之兼具保暖和防水的透气特性，这也是品牌初期引以为傲的特色。

在20世纪90年代中期，Belstaff一度跌出时尚圈，受英国纺织业危机的影响，Belstaff关闭了特伦特河畔斯多克的工厂，公司运营陷入困境，早在1986年就开始担任品牌设计总监的Franco Malenotti被邀成为品牌的合作者，1996年Franco Malenotti建立了一个服装公司，使品牌起死回生，在2004年，他又彻底卖下了Belstaff，成为Belstaff新主人，目前，他的儿子Manuele担任主管。

Belstaff品牌非常重视电影的广告效应，早期曾赞助老牌巨星Marlon Brando（马龙·白兰度）的电影，使之声名大振。而今的电影巨片如《Ocean Twelve》（2004年）、《The Aviator》（2005年）、《War of The Worlds》（2005年），以及《X men》（2006年）、《Superman Returns》（2006年）、《Mission Impossible 3》（2006年）等，都由Belstaff品牌赞助服装。

2. 设计师背景

Franco Malenotti出生于意大利著名电影制片人之家，疯狂地喜欢摩托车，曾为意大利的拉威达公司和古奇摩托公司设计摩托车，同时也是Belstaff品牌的铁杆客户。入主Belstaff后，他重新改写了品牌的设计，融入了许多时尚的元素，同时继续保持品牌的精髓——不可抗拒的酷感，家庭的电影圈背景也使该品牌成为更多好莱坞影星的最爱。从Nicole Kidman（妮可儿·基德曼）到Brad Pitt（布莱德·彼特），都是品牌的忠实用户。Franco Malenotti的摩托车设计经历帮助他更广地拓展市场，在他的努力下，Belstaff再次如凤凰涅磐，成为充满生机、富有内涵的经典品牌。

3. 设计风格综述

Malenotti在传统与创新，时髦与经典之间寻找平衡，使Belstaff具有简洁、冷静的设计风格，以朴素大方的款式结构见长。我们可以在Belstaff简洁而精湛的裁剪中感受到都市的浓郁时尚感觉。这是一个具有独特个性的品牌：材质运用涉猎广泛，如泛着柔光的纺绸、张狂粗野的皮革、具军旅风格的帆布卡其等；细节处理不拘一格，如透明斗篷、大小造型各异的口袋组合、拉链扣件的巧妙设计等。Malenotti将摩托车的酷感也带到了设计中，阳刚冷酷气质随处可见，他的设计既时尚又实用。在单品上，有帅气的帆布夹克和具防水效果的长款束腰风衣，设计师在保留军旅风格的时尚元素同时，特别体现出大方得体的剪裁。防雨斗篷也是Belstaff的代表单品，米色、深灰、纯白与黯黑等稳重色系是品牌经典且不退流行的特色。

九、Frida Giannini（弗里达·贾尼尼）

1. 与设计师相关的品牌背景

Gucci是家族企业，首创把自己的名字印在商品上，1921年创始人Guccio Gucci在佛罗伦萨开始开店出售旅行箱给时髦漂亮、热爱奢侈生活的意大利客人，经过几代的传承，已发展成立足时尚界的精品品牌，目前已传到第四代的Gucci现今展现出领导国际时尚的风范。

都会摩登气质的Gucci服装系列，以“黑”作为必备的基本色，而性感的女装系列更是常常以男装的元素作为设计的触发。以皮件起家的Gucci运用了竹节等传统元素，设计了线条质材都简洁而摩登的皮件，席卷了全亚洲女性目光，鞋子部分更是以“性感危险风格”赢得众人的瞩目。自1994年起，美国人Tom Ford正式从女装设计部负责人升任为Gucci创意总监，将这个行将倒闭的品牌起死回生，风格老土的品牌倏然转变为崭新的摩登形象，一连串的改变将这百年历史的意大利品牌，推向另一个高峰，成为世纪交替新摩登主义的代名词。

2. 设计师背景

Tom Ford的助理Frida Giannini在Tom Ford离任后，于2005年3月开始被任命为整个Gucci品牌鞋、包、行李箱、小皮具、丝绸、高级珠宝、礼品、手表以及眼镜的设计总管。同年6月，她在纽约发布了自己的处女秀，获得不少的掌声，无论是媒体，还是零售商方面，都是好评如潮。

1972年，Frida Giannini出生于罗马，曾就读于罗马时装学院。毕业后，她先是在一间很小的时装屋做设计工作，1997年在Fendi开始了在品牌时装屋的设计生涯，在那儿，她成为Fendi最亮眼手袋的幕后策划首脑。一季一季地，她把那法国棍子面包状的手袋花样翻新地推荐到人们的眼前。2002年，时任设计总监的Tom Ford将Giannini挖至Gucci品牌，担当了手袋的设计总监。

3. 设计风格综述

Giannini在Gucci的走马上任后，很快找到了Gucci女人的新感觉。她以自己的低调感性改变了Gucci的Tom Ford烙印。相比Ford在20世纪90年代为Gucci营造的那种性感华丽形象，Giannini手下的Gucci相对收敛一些，显得更女性化更感性且更精致。Giannini对性感的表现是以不那么夸张的方式进行，招摇在Tom时代的粗野性感，被她拒之门外。“从豪华轿车中跨出来的女人、派对女王，这些想象中的女性形象，在我看来并不是现时真正购买的Gucci女人希望获得的形象，”她强调：“我会被那种更自信、充满乐趣好奇心的女人打动。”

十、Gianfranco Ferre（詹佛兰科·费雷）

1. 设计师背景

Gianfranco Ferre于1944年8月15日出生于意大利北部Legnano一个劳工家庭。1969年毕业于米兰工艺学院建筑系，在此期间，他非正式地首次进入时尚领域，为他的女性朋友和学生们设计首饰和饰品，其设计受到时尚编辑们的注意，并将作品照片刊登在杂志上，他初次亮相就获得了成功。1974年，Ferre设计并发布第一个女装品牌Baila（贝拉）。1978年，是Ferre一生中最重要的时刻，同年的10月，第一个以他名字命名的女装及饰品系列品牌问世，一个世界级品牌从此诞生。与此同时，Ferre成立了公司，开始在全世界开拓市场。1986年7月，在罗马首次举办Gianfranco Ferre高级女士成衣品牌发布会，次年Ferre在巴黎的处女秀“Ascot Cecil Beaton”获得惊人的成功。1989年更获得了顶尖的Dior品牌总设计师的殊荣直至1996年离任。

Ferre的产品线覆盖休闲路线至高级订制服，包括技艺精湛的套装、连身衣、晚宴服、上班服装、针织衣、泳装系列与外出休闲系列，其中动物皮纹的紧身皮装、修身的高腰紧身裤、宽肩女衬衫向来是品牌最时髦单品。鉴于Ferre的卓越贡献，意大利政府曾六次授予Ferre“意大利最佳设计师”称号。不幸的是2007年6月Ferre因病去世，由曾任Ninna Ricci创意总监的Lars Nilsson出任设计师。

2. 设计风格综述

曾称雄意大利的3G品牌之一Gianfranco Ferre是极简主义与现代派的综合体，以简洁却十分突出的线条感来架构服装，设计师来自建筑艺术的修养运用于服装设计中，表现出极度完美的架构造型和线条比例。Gianfranco Ferre巧妙融合了剪裁与颜色两者的契合，使穿着者能展现更佳的身型轮廓，塑造出自信、利落的新时代女性形象。

Gianfranco Ferre的艺术理念是：时装是由符号、形态、颜色和材质构成等语言表达出来的综合印象和感觉；时装寻求创新和传统的和谐统一。Ferre极度不满时尚界的流行趋势导向，他一直坚持自己建筑师般的设计风格，喜欢把服装当作建筑物来设计，所以他的服装都有一种磅礴辉煌的气势感，服装造型棱角分明，线条硬朗，在时装界独树一帜。Ferre 的设计以简洁著称，线条明快而不缺少细节，一眼看上去很简单，细看却韵味独特，他的极简主义理念并不是“少即是多”，而是“层次再多、再复杂也看上去简单”，他被称为“时尚界的建筑师”。Ferre 的设计常常混合了意大利高级订制时装及戏剧的效果、摇滚元素、中世纪骑士服、绅士装束等在其设计中经常被运用。因此 Ferre 的设计融入浓烈的中性成分，穿上 Ferre 服装的女性有着鲜明的独立、自信倾向。

十一、Giorgio Armani(乔治·阿玛尼)

1. 设计师背景

Armani 于 1924 年出生于意大利的皮尔琴察，Armani 在校内主修医科，服兵役时担任助理医官，之后在米兰一家百货公司担任过橱窗布置。1961 年 Armani 迈出人生的重要一步，他在 Nino Cerruti 公司做设计，并持续超过 9 年，对男装的裁剪和布料有了全面系统地知识。1975 年，Armani 成立了自己的品牌公司，当时刚流行过 嬉皮士、朋克风格，许多人对这些纷杂混乱和光怪陆离的打扮方式已经心存倦意，这时候 Armani 将男装简洁的裁剪手法运用至女装设计，他的设计删除不必要装饰，强调舒适性和表现不繁复的优雅。这种高雅简洁、庄重洒脱的服装风格使人耳目一新，也恰好满足了人们的时尚追求。Armani 因此被认为是 20 世纪 90 年代简约主义的代表人物之一，Armani 公司也发展成意大利的顶级品牌。

2. 设计风格综述

与整天戴太阳镜摇着纸扇的 Karl Lagerfeld 和华丽放纵、作风另类的 Gianni Versace 相比，Giorgio Armani 更像一位苦行僧——风格既不新潮亦非传统。追溯 Armani 的经营历史，很少有可笑的或非常过时的设计。他能够在市场需求和优雅时尚之间创造一种近乎完美、令人惊叹的平衡，Giorgio Armani 引领女装迈向中性风格，他打破阳刚与阴柔的界线，以男装剪裁运用至女装上，表现低调、中性的优雅气质。

时装界有 Giorgio Armani 是时尚界中的禅师之说，因为在他的设计中，除了优良昂贵的面料，考究精细的做工和别树一帜的款式外，还有一种渗透其中的中性主义和禅学般的思想。他手中掌控着一座神奇的天平，拿捏平衡的临界点是他令人称绝的拿手好戏。他的设计既不特别摩登，也绝不拘泥于传统，他的设计犹如淡淡的绿茶，只有细细体味才能品尝出异样情趣。Armani 的日装多偏向于使用一些不张扬的中性化的单色调，如黑色、灰色、深蓝、米黄色，还有其独创的生丝色，即一种介于淡茶色和灰色之间的颜色。它们的使用使女装设计既保留了女性的妩媚感，又多了一些阳刚之气。

十二、Graeme Black(格内木·布莱克)

1. 与设计师相关的品牌背景

欧洲南部是一直世界皮革的中心，这里有密集的家族式的皮件皮革企业，以出产精致的皮鞋闻名于世的意大利 Salvatore Ferragamo 即是其中具代表性企业之一。

Salvatore Ferragamo 起家于美国，创始人 Salvatore 1914 年在好莱坞开设第一间纯手工制鞋的专卖店，成为明星们的最爱，但他仍试图继续找出“永远合脚的鞋”的秘诀。Salvatore 为当时风气解放贡献不少，他首先开放并降低鞋款的线条，创造出第一双凉鞋，而舒适耐穿与着重自然平衡的设计，打响了 Salvatore Ferragamo 国际知名度，1927 年，Salvatore Ferragamo 已成为“意大利制造的代名词！”。二次大战后，Salvatore Ferragamo 持续推出崭新设计，并创造不少令人难以忘怀的作品，如因玛丽莲·梦露而声名大噪的镶金属细跟高跟鞋，成为设计史的经典。1951 年，Salvatore 完成了第一个时装表演，开始涉足时装领域，1960 年辞世时，Salvatore 留下了一个鞋业帝国和一个梦想——将 Ferragamo 转型为时尚界的一大品牌。之后其妻 Wanda Miletti(旺达·米勒提)与六名子女接手生意，将 Salvatore Ferragamo 扩展至男女时装、手袋、丝巾、领带、香水系列，发展成一家“装饰男女,从脚到头”的时装品牌,1996 年取得法国时装品牌 Emanuel Ungaro 的控制权。如今，已是全球最著名的奢侈品牌集团之一。

秉持传统、发挥创意以及品质上力臻完美是 Ferragamo 坚守的原则，Salvatore Ferragamo 以深厚的造鞋工艺为基础，把意大利的传统设计精神延伸到他的时装王国，每一季所展出的皮件、服装系列设计，始终展现着意大利精品的特色——色彩丰富、线条浑圆，每项作品都拥有极为精致迷人印象，予人成熟优雅的感觉，一种永恒经典的形象。

2002 年，前 Armani 年轻设计师 Graeme Black 加入了 Ferragamo，令 Ferragamo 的时装系列亦趋年轻时尚，一改品牌风格，为经典的 Ferragamo 注入年轻活力，带来一个新的开始。

2. 设计师背景

Graeme Black 于 1967 年出生于苏格兰的 Carnoustie，1989 年从爱丁堡大学毕业以后，先后在伦敦为 John Galliano 和 Zandra Rhodes(赞德拉·罗德斯)当设计助理。1993 年开始到意大利发展，先是在 Les Copains(莱·卡门)担当设计，后又到 Giorgio Armani 担任设计总监一职。2003 年，被 Ferragamo 委任为艺术总监。2004 年与老友 Jonathan Reed(乔纳森·里德)合作推出自己的品牌，创建自己的品牌，2005 年推出首场秀。2007 年担任品牌设计总监超过十季以上的 Graeme Black 最后一次替 Ferragamo 设计新作，之后他将重心放在自己的品牌设计运作上。

3. 设计风格综述

Graeme Black 最拿手的是利落剪裁，他擅长将错综复杂的想法变得简洁，将温柔与硬朗的感觉融合在一起，展现品牌娇美的一面。Black 认为“我与 Ferragamo 的哲学都是一样，就是令女性更漂亮。我在发挥创意的同时，都会保留品牌的 DNA，比如经典的咖啡色等。”Black 对 Ferragamo 贡献颇巨，他将最擅长的罗绫缎带装饰把 Salvatore Ferragamo 女装系列推到巅峰。

十三、John Richmond(约翰·瑞奇蒙德)

1. 设计师背景

1961 年出生于曼彻斯特的 John Richmond 十几岁的时候深受滚乐巨星麦当娜、乔治·迈克尔、米克·贾格尔和安妮·蓝妮克丝等的影响，因为爱音乐开始喜欢上了时尚。后就读于 Kingston 工艺学校，走上时装设计之路。1982 年毕业后，作为自由设计师，曾为 Emporio Armani、Fiorucci(佛若琪)、Joseph Tricot(约瑟夫·特利可得)工作过。1984 年，他与 Maria Cornejo(玛利亚·科奈约)合作创立了他的第一个品牌 Richmond Cornejo(瑞奇蒙德·科奈约)。1987 年开始单干成立自己的品牌，现在他已拥有三条品牌线：主线 John Richmond，休闲系列 Richmond X 和牛仔系列 Richmond Denim。他的生意合作伙伴 Saverio Moschillo(塞弗里奥·莫斯奇洛)为他提供了一个全球的展示、销售网络，在那里，有他的标志性单品：单车手皮夹克、油印 T 恤衫、酸汁细褶裙和长条运动衫。凭着双方共同的努力，John Richmond 的各系列得以迅速踏足于各大城市，品牌在短短十年间取得辉煌的业绩。

2. 设计风格综述

出生于英国的 John Richmond 是一个前卫的新生代设计师，他从新音乐先锋的世界中汲取灵感，把服装设计成在竞技场逍遥、游荡的感觉。他的英伦摇滚个性风格被所有业界认定为是“标志性的建筑”。Richmond 用自己独到的设计语言演绎着时尚，他的设计作品融合街头、华丽、时尚元素，受到音乐明星的追捧，得以在 10 年内成为欧洲热销品牌。

John Richmond 酷爱音乐，他的设计一直都在把玩他的摇滚主意，他又是一名天才的裁缝师，以精确的裁剪和缝制出名。对摇滚的疯狂热爱一直贯穿在他的创作中，结合精密的剪裁与街头灵感，塑造出华丽气派而又反叛不羁的形象。“街头文化”是 Richmond 创作哲学中另一基本的素材，特别在他常用的一些口号中显而易见；如“Destroy，Disorientate，Disorder”、“Diamond Dog”、“Eat Cake”等。Richmond 追求一种国际化的流行风向指标，爱好街头文化，他将时尚前沿的女性彻底解放出来，让性感风潮大行其道。

十四、Missoni（米索尼）

1. 品牌背景

以针织著称的米索尼品牌有着典型的风格特征：色彩 + 条纹 + 针织，这使米索尼时装看起来就是一件令人爱不释手的艺术品，并引起全球时装界的广泛关注。如同 Versace、Prada 等意大利品牌，Missoni 也是一个典型的家族企业，发展至今的针织王国，其创业者——Missoni 夫妇功不可没。

Ottavio Missoni（奥泰维奥·米索尼）1921 年生于现在的克罗地亚，Rosita Jelmini（罗莎塔·杰米尼）于 1931 年生于意大利的小城 Golasecca。两人邂逅于英国伦敦，于 1953 年在米兰喜结良缘。1953 年在米兰北边开了一家小型工厂，生产针织服装。从此，Missoni 品牌一步步从默默无闻的小牌走向针织大牌。公司在刚成立的时候，当时的社会主流派和非主流派的注意力都集中在套衫上，而 Missoni 就已经开始生产精致的针织衫，其系列包括女式无袖衫、长大衣、套衫、针织裤子及裙子。

Missoni 夫妇有三个子女，他们的童年是伴随着工厂纱锭、机器轰鸣，在各种服饰争相斗艳中长大的，儿时的耳濡目染注定让这些孩子日后在这一家族企业中效力。目前女儿 Angela Missoni 是公司的第二代掌门人，负责家族事业的总体事务；另外两个，一位负责纱线、图案、服饰展示等技术工作，另一位是负责 Missoni 新女装系列，包括二线品牌。

2. 设计风格综述

早期 Ottavio Missoni 负责设计，他喜欢将各种色调的小纸片、色卡、饰带组合成不计其数的梦幻彩虹系列，其设计得益于即时灵感和数学逻辑。特殊的工艺和技术，使 Missoni 的时装形成一种特别的流动的效果，它的色彩鲜明，具有强烈的艺术感染力。

Missoni 的风格基本上是由色彩决定的，它不是某种特定的色彩而是色彩本身，是其纯粹简洁的应用。对于许多品牌来说，色彩只是可添加的一种元素，对 Missoni 来说，色彩可以说是每种设计，每种造型的基础。色彩可以给织物带来活力，而且通过服装的诠释表达出含义。尽管 Missoni 的服装色彩复杂，有时候是色彩之间原本是相互冲撞的，但在设计师的掌控下，总能呈现出和谐之美。

Missoni 条纹最早来源于运动，因为 Ottavio 最早拥有的机器是用来制作运动服装的，只能生产单一色调或条纹的针织服装，后来条纹成为 Missoni 的标志性风格。彩虹条纹是 Missoni 风格中最常见的样式，此外，还有混合条纹、人字形条纹、沙滩条纹、光谱花纹、希腊锲形图案、苏格兰格子，以及 Missoni 在 20 世纪 70 年代开创的“拼搭”（圆点和印花及不同图案的彼此重叠，搭配又彼此不调和）风格，这些都是 Missoni 的显著标志。

十五、Miuccia Prada（缪西娅·普拉达）

1. 设计师背景

回溯 Prada 的历史，必须从 20 世纪初谈起，创立人 Mario Prada（马里奥·普拉达）最早是从皮件产品起家的。1978 年，Mario 的孙女 Miuccia Prada 开始接管家族事业。Miuccia 在富裕的环境中长大，虽然不是科班出身，但从小就受到家庭的耳濡目染，对于时尚行业并不陌生。在 20 世纪 90 年代的“崇尚极简”风潮中，Miuccia 所擅长的简洁、冷静设计风格成为了时尚的主流，因此经常以制服作为灵感的 Prada 所设计出的服装更成为极简时尚的代表符号之一，其服装产业自是如日中天。Prada 与 Jil Sander、Helmut Lang、Armani、CK 一起被誉为简约主义的代表人物。

2. 设计风格综述

Miuccia 的设计总是带着反潮流的前卫性，善于从记忆中寻找灵感，并且始终贯穿着从自我出发的思维基点，使得她的设计总能脱颖而出。Miuccia 擅长将各种元素组合得恰到好处，精细与粗糙，天然与人造，不同质材、肌理的面料统一于自然的色彩中，艺术气质极浓。无论是高级时髦的运动服系列，20 世纪 70 年代学生和空姐风格的“时装 ABC”系列，还是 20 世纪 90 年代初清净简单的朴素风格，Miuccia 都通过对传统元素的加减游戏，在设计中呈现出感性可爱的风貌。仅仅一个品牌设计，还不足以释放 Miuccia 所有的才华和野心。1992 年她推出以自己小名命名的副牌 MIU MIU，在更加率性自我的空间里，发掘女人深层本色。

十六、Raf Simons（拉夫·西蒙）

1. 与设计师相关的品牌背景

如果要概括 Jil Sander 品牌的设计风格，那就是“简洁”，如果觉得这两个字还不够有说服力，那可以用“极简”来形容。Jil Sander 是业界公认的“极简女皇”，她对服装基础线条的迷恋，几乎到了偏执的地步。在设计圈里，Jil Sander 被认为是 1920 年代建筑流派包豪斯的现代版演绎，传承了德国简朴主义的理念，是现代德国时尚的表现——舍弃花里胡哨的细节，追求整体，以纯粹的剪裁表现穿着者的自然感。

Jil Sander 是时装界的理性主义者，她用作品来传达自己的哲学思想，冷静、理性、客观、不矫饰，只保留最基本结构的本质。虽然极简主义在当今时装舞台上已司空见惯，但 Jil Sander 于 1973 年在时尚之都巴黎举办首次发布会，其极简风格的设计并没得到重视反应。随着 20 世纪 80 年代日本设计师的崛起和另一位简约设计师 Helmut Lang 的出现，Jil Sander 的设计思想才被引起重视。1988 年，Jil Sander 将设计展开到米兰，通过数年的传播，以“Less is more”为口号的简约主义在 20 世纪 90 年代风起云涌，将 Jil Sander 缔造成简约主义的先锋形象。Jil Sander 的作品虽然“极简”，使用的面料和工艺却是超级的昂贵，她的发布秀制作成本要远远高于其他设计师，所以被称为“奢侈的简约”。

2. 设计师背景

Raf Simons1968 年出生，其学习背景与时装设计全无关系，他曾在比利时的 Genk 学习工业设计，后成为家具设计师，但发觉兴趣索然。之后赴安特卫普发展，巧遇城市皇家学院时装系主任 Linda Loppa（琳达·罗帕），对过去、现代充满魅力的各类时装，尤其是男装和街头前卫时装的迷恋促使这位低调的比利时人决定走时装设计这条路。1995 年 Simons 推出了首次设计秀，其秋冬系列融入了英伦小男生形象、哥特音乐、朋克元素和包豪斯建筑理念，获得了媒体的一致好评。Raf Simons 于 1999 年曾为意大利皮革品牌 Ruffo Research 设计了两季作品，自 2000 年 10 月还在维也纳应用艺术大学担任客座教授。2005 年 7 月，生于 1943 年的 Jil Sander 抵挡不住 Prada 集团的收购大潮而选择隐退，Raf Simons 成为新任创意总监，负责 Jil Sander 的男装和女装系列。2012 年 4 月 Raf Simons 被钦定为 Dior 公司新任设计总监。

3. 设计风格综述

Raf Simons 认为自己的设计和 Jil Sander 品牌的核心价值之间有着坚固而紧密的结合。简约主义所倡导的是中性主义感念，在 20 世纪 90 年代曾风行一时。而 Raf Simons 定义的 Jil Sander 女性为充满激情、感性、崇尚简约，事实上他设计的女性区别于一般的女性概念，即他所创立的“第四性”形象——游离于男性、女性、同性之外的连公民权都没拿到的半熟青少年。2003 年初，作为策展人 Raf Simons 在意大利佛罗伦萨时装双年展上将主题定为：“第四性：极端的青少年”。虽然这是个在电影、文学、流行音乐里早被炒烂的话题，但 Raf Simons 却成为时装界第一人。他为 Jil Sander 的设计具有节制、干净、精确感，严谨瘦身的结构造型、与 Hip Hop 相对应的极端尺码、素色和手感中性的材质运用成就了 Raf Simons 的设计概念。这就是他对经典和极简主义的全新诠释。

十七、Rifat Ozbek（瑞法特·奥兹别克）

1. 与设计师相关的品牌背景

创立于 1800 年的 Pollini（波利尼）、是一家国际著名的皮鞋及皮具配饰生产商及零售商，其发源地位于意大利 Mauro Poli。经过二百多年的变迁，Pollini 由一个小镇的皮鞋工匠发展成为一个国际知名的皮具品牌。Pollini 是一家具有悠久历史的百年老店，作为国际知名的皮具品牌，Pollini 将传统工匠的精湛技术，糅合现代化的科技，创造出各种令人惊叹的皮具系列，包括男女装皮鞋、手袋、手提包、旅行箱、配饰及其它矜贵的产品。2001 年由 Aeffe 集团购入，2004 年秋冬季度开始 Ozbek 接手 Pollini 的设计，并积极拓展服装系列，完整的项目由高级时装以至配饰等一一俱备，成功奠定了 Pollini 在国际超级品牌中的地位。

2. 设计师背景

Rifat Ozbek 于 1953 年出生于土耳其第一大城市——伊斯坦布尔，17 岁那年远赴英伦求学，先在利物浦大学修建筑学，但枯燥乏味的课程逐渐使他失去兴趣。1974 年转学至著名的圣·马丁艺术学院攻读服装设计，由此找到自己的发展方向。1977 年毕业后，到米兰的 Trell 公司做设计。1980 年回到伦敦为一英国时装连锁店 Monson（ 蒙逊 ）工作。1984 年 8 月在伦敦父母的公寓里首次举办以“Ozbek”为品牌、主题为“Africa”的时装，作品以英国街头和俱乐部生活位灵感。1989 年和 1992 年两度荣获英国流行评论会的设计师大奖。

3. 设计风格综述

早期的 Ozbek 喜欢从世界各地汲取灵感来源，印度、泰国、东非、墨西哥，甚至中国都是他选取的对象。Rifat Ozbek 设计理念一直强调产品的双重性，好动而性感、性感而随和、灵巧而动人……他十分注重搭配的乐趣，能将看起来完全不相协调的设计元素重新组合，这种美妙而独特的和谐感成为 Ozbek 的代表。2004 年秋冬舞台，Ozbek 带来了一股别具一格的西藏风，彩条装饰、盘扣、软皮、羊毛、花呢，塑造强烈的异域风情，与金属色和闪亮的银色相结合，再次释放“反差效果”的夺目光彩。1995年巴黎春夏时装展，Ozbek推出的灵感来源于击剑运动的设计，造型硬朗，风格中型，面罩、护颈、垫肩、内衣和明线处理使作品带有未来世界的感觉。

十八、Roberto Cavalli（罗伯特·卡瓦里）

1. 设计师背景

1940年Roberto Cavalli出生于佛罗伦萨，外祖父Giuseppe Rossi（吉乌塞佩·罗西）是一位著名的印象派画家，作品至今还被收藏在闻名于世的Uffizi博物馆，而母亲则是一位服装裁缝。没有传承祖业，Cavalli把艺术天赋用到了时装设计上，在佛罗伦萨艺术学院读书时就发明了在轻柔的皮毛上印花的革命性新技术，Cavalli也由此开始了萦绕他一生的皮草情缘。20世纪60年代，Cavalli创立了自己的品牌，他用碎皮拼出了60年代第一件有着无数接缝的拼皮外套，而这成了嬉皮们的必备服装。在1972年,以华丽复古风格称着的Cavalli首次发布会举行并在时装界崭露头角，20世纪80年代曾一度淡出时装界，90年代又重新回归，与第二任妻子前环球小姐Eva D ü ringer（爱娃·杜琳格）的结合使Roberto Cavalli有了更多的创作激情，设计风格也受到越来越多明星、顾客的追捧，市场反映节节上升。现在，Roberto Cavalli已拥有两个品牌：Roberto Cavalli和Just Cavalli，产品覆盖男装、女装、童装。他是“佛罗伦萨之子”，整个意大利的骄傲。

2. 设计风格综述

意大利顶级时装品牌Roberto Cavalli有着独特的魅力和特点：巴洛克风格的夸张花卉、动物纹样、异国情调、轻柔的皮革配合着Cavalli的个人色彩、精致剪裁和华美性感风格。Roberto Cavalli在色彩、图案及式样方面创造的是一个标志性的梦幻个人世界，他的世界完全没有腼腆的余地，也绝不可能屈就于主流日常基本服装。

毫不夸张地说，Roberto Cavalli从基因就决定了他会成为出色的服装设计师。Roberto Cavalli是一个喜欢自然的设计师，豹纹、花朵、水波纹都是自然带给他的设计灵感。他一直认为自然是最伟大的艺术家，是创作的源泉，那五颜六色的花卉、色彩斑斓的动物毛皮、还有广阔大地的风光，都孕育着无穷的灵感。Roberto Cavalli是一位皮草设计大师，他一直使用真正的皮草做设计。他会在各种材质上印上皮草的花纹，就连薄纱都处理成豹纹效果。他擅长对经典的东西进行革新，而不是创造一个新的廓型。他的设计狂野，带有煽动性，他最大的成功是将女性的性感推到前所未有的极至,却丝毫没有色情的感觉,这种准确的拿捏让小甜甜（Britney Spears）不远千里,慕名赶来。小甜甜在一改青春玉女形象而变为火辣性感偶像之后，就穿上了Roberto Cavalli的服装。Cavalli从不吝啬对于色彩的大胆运用，他是一个出色的纺织品装饰家，他用多彩的颜色把非常正式内容诠释出来，精致的刺绣或印花图案，宛如著名的米兰大教堂的彩色玻璃窗一般缤纷华丽。天蝎座的Roberto Cavalli是一个充满意大利热情的设计师，他把时装当做表达艺术的一种方式，在设计时，他会设想一个很阳光的人物形象：热爱生活、热爱大自然、拥有爱心，他希望他的色彩和印花能让穿着者表达出强烈的个性。

十九、Roberto Rimondi & Tommaso Aquilano（罗伯特·里蒙迪 & 托马索·阿奎拉诺）

1. 设计师背景

Tommaso Aquilano和Roberto Rimondi分别出生于意大利阿普里亚和博洛尼亚地区，并于1988年相识，建立了默契的工作关系和深厚友谊。Roberto Rimondi曾在Maxmara工作过15年，这是一个注重合作设计的品牌，在那里 Roberto Rimondi 结识了 Tommaso Aquilano。2005 年，Roberto Rimondi34 岁，Tommaso Aquilano35 岁，两人成立 6267 设计工作室，这一名称来自于 Rimondi 童年时代参加夏令营时的代号，他们认为这样的名字不受任何语言的限制，在世界任何角落都将一目了然。两人成功合作赢得了 2005 年意大利 Vogue 杂志主办的 Who's On Next 设计大赛，从此形成了先锋、前卫但相对商业化的设计风格。不到两年，这一年轻品牌迅速窜红，Roberto Rimondi 和 Tommaso Aquilano 丰富的创造力和对时装的敏锐直觉让他们在新人辈出的米兰时装周闯出一番天地，目前已经成为米兰时装周最受关注的品牌之一。与此同时，6267 也在世界各地全面开花，尤其在美国的高端消费群体和英国零售商中影响力日甚。这对天才设计组合曾于 2006 年成功推动 IT 控股集团旗下品牌 Malo，并重新上市。2008 年又得到 IT 集团的重用，担任 Gianfranco Ferr é 的创意总监。

2. 设计风格综述

许多媒体将 Roberto Rimondi 和 Tommaso Aquilano 这对设计师组合比作是 Dolce & Gabbana 和 Alessandro Dell'Acqua（阿历珊度·德·阿夸）的接班人。但与妖冶性感的 D&G 组合不同，6267 的视野是全方位的，这对新锐设计师的灵感来自多种文化的大融合，包括日本文化、绝代艳后 Marie Antoinette（玛丽·安东尼）和英国文学家简·奥斯汀的浪漫故事以及用电脑处理过的梵高作品等。同时，也对时装结构和形制进行探索，这些设计理念和品牌的 DNA，一直被两位设计师贯穿在设计中，他们将法国时装的时髦、漂亮与意大利的精妙做工融合在一起，营造出新时代气质的女装。

在短短的几季中，6267 已呈现出独特的风格，肩部处理特别，经常是瘦削或尖锐的，廓型十分有趣。细节处理值得推崇，从 2006 年秋冬到 2008 年春夏，设计师在简洁的外表之下仍采用不失张力的设计手法，在细节处增添了令人意外的精致巧思和工整的剪裁。如 08 年春夏的细节处理贯穿这个系列始终，设计师将连衣裙前片设计成蓬松造型，而后背却是苗条优雅的线条。或者服装前片的轮廓鲜明，而一个低至后臀、垂式的裸露后背与之相对比。

二十、Rosella Jardini（罗赛拉·嘉蒂尼）

1. 与设计师相关的品牌背景

Franco Moschino 出生于 1950 年，这个米兰出生的男孩曾专门攻读美术，但在校期间，他已成为一名自由时装插画师，他的第一份工作是为 Gianni Versace 画草图。当他认识到面料和裁缝同样能表达艺术时，他告别了传统美术专业，开始在时装界谋求发展。1977 年他开始在一家意大利公司 Cadette 担任设计师，1983 年创立了他自己的公司，开始他的时尚征程。尽管 Moschino 一直略带荒谬地讽刺时尚产业和各路时尚精英，一直与传统的时尚唱对台戏，但他的作品却成为一种社会地位的象征。他成功地创造了时尚娱乐，打破一切陈规旧矩，成为新的赢家。

Moschino 很快发展成为跨国的大公司，旗下共三个路线，分别为是以高单价正式服装为主的 Couture、单价较低的副牌 Cheap&Chic 以及牛仔装 Jeans 系列。1994 年，Moschino 本人去世之后，这个品牌的设计工作便由与 Moschino 一起工作多年的 Rosella Jardini 带领设计师群继续负责。

2. 设计师背景

1952 年出生于 Bergamo 的 Rosella Jardini 最早从事的是服装销售，1976 年协作 Nicola Trussardi 发展公司皮件产业，1978 年曾与两个模特朋友创立自己的公司，直到 1981 年结识 Franco

Moschino，1984 年成为 Moschino 正式的合伙人。1994 年全面负责 Moschino 公司后，Rosella Jardini 保留了品牌的特色“嬉谑”风格，将公司的经营带到顶峰。

3. 设计风格综述

对于坚持优雅、注重实穿的意大利时装界来说，Moschino 实在是个异类，“嬉谑”是 Moschino 的标志风格，他的设计充满了调侃和游戏性，仿佛时尚圈的幽默讽刺剧。这个意大利品牌，充满创造力，富有魅力，服装中常出现很卡通的东西，一些鲜明的图片、文字都会成为他服装中的主体，喧宾夺主地彰显他的娱乐精神。尽管个性鲜明，他的服装仍然有很强的可穿性，性感是他的另一个特点。

Moschino 是一个异想天开的另类设计师，他的创作灵感，源源不绝。他常常把一些搞笑的词、句、图案醒目地装饰在服装上，也会把他对世界和平的渴望与对生命的热爱，放在他的服装设计中，他的服装上常常会出现“反战标志”、“红心”和鲜黄色的笑脸。粗体大写的设计师名字 MOSCHINO 是另一个标志，它一定会出现在服装的布标上，或者偶尔也会变成服装上的图案。Moschino 的设计讲求丰富的色彩，玩笑般的性感，他用最基本的设计和结构元素，创造出令人愉悦的服装，为时装界带来新意。他经常恶搞传统时尚，百无禁忌地开大牌玩笑，把 Chanel 优雅的套装边缘剪破变成乞丐装，再配上巨大的扣子，颠覆大家对于时尚的传统印象。他的风头正劲和对传统时装业的恶搞也使他处境尴尬，曾引起好几次官司，包括 LV 和 Chanel 都与他数次对簿公堂。他在 T 恤衫上印上 Channel No.5 香水就曾引来 Chanel 的投诉。Rosella Jardini 接手后，减弱了玩笑的元素，加强轻柔的、女性化的美感，品牌的趣味性大减。

二十一、Rossella Tarabini（罗赛拉 · 塔拉毕尼）

1. 与设计师相关的品牌背景

Anna Molinari 于 1949 年出生在意大利旅游胜地的 Carpi（卡普里），父母拥有一家知名的针织厂工厂。Anna Molinari 学校毕业后即在厂里工作，获得了宝贵的经验。1977 年由 Anna Molinari 同丈夫 Gianpaolo Tarabini（吉安保罗 · 塔拉宾尼）一起创立了 Blumarine（蓝色情人），这个品名来源于夫妇俩最喜爱的地中海海滩，主要设计制作针织服装。1981 年在米兰首次发布作品，1995 年开始，他们推出以自己名字命名的主牌 Anna Molinari，后推出以年青女孩子为目标的 Blugirl 和以男士为目标的 Blumarine Uomo，这四个品牌组成了 Anna Molinari 的 Blufin 时尚王国。Anna Molinari 和 Blumarine 是当代时装界重量级的品牌，其中 Blumarine 在全球有 700 个销售据点和 20 家直营店，其中光是在意大利就有 400 个。公司品牌设计现由大女儿 Rossella Tarabini 负责。

2. 设计师背景

1968 年出生的 Rossella Tarabini，在 Bologna 大学毕业后赴伦敦学习。1994 年掌管公司的广告形象，Tarabini 26 岁时首先设计 Anna Molinari 品牌，后接管整个设计事务。

3. 设计风格综述

Anna Molinari 和 Blumarine 品牌紧跟时尚潮流，擅长娇柔女性风情演绎，诠释女性的奢华和精致，强调现代女性个性，带有强烈的性感妩媚风格。现任设计总监 Tarabini 的设计更注重街头和年轻化，以更大胆和前卫的语汇构思表现品牌内涵。她每次设计均呈现一个故事，如俄罗斯流亡公主或摇滚歌星，2005 年秋冬设计就曾以 20 世纪 70 年代国王路上的朋克作灵感。Tarabini 在设计中继续保留了品牌的女性化主题，大量的雪纺纱材质、精美的花朵刺绣、繁复的褶皱、篷篷公主袖、高腰线娃娃式洋装这些浪漫风格元素仍是充满 T 台。Rossella Tarabini 喜爱粉色系列，如白色、粉杏色、鹅黄色、珍珠灰色等。古典的高雅和叛逆的妩媚，正是对设计师 Tarabini 的经典描述，而她的那种超凡的审美情趣，也充分的渗透到了她的设计作品中。

二十二、Tomas Maier（托马斯·迈耶）

1. 与设计师相关的品牌背景

来自意大利的高级皮件品牌—— Bottega Veneta（波特加·芬内塔）隶属著名的 Gucci 集团。Bottega Veneta 在时尚界素以手工编织皮革著称，它以人工将切成条状的皮革像织布一样交织成皮包、皮鞋及服装，深受时尚人士喜爱。品牌推出的时装系列，设计贯彻含蓄时尚、娴逸雅致品味，每一件作品均突显出设计张力和登峰造极的手工。

有"意大利爱玛仕"之称的 Bottega Veneta 于 1966 年在意大利维琴察创立，创始人是 Moltedo 家族，取名为 Bottega Veneta，意为"Veneta 工坊"。早期以制作高级精致的手工皮革编织超软包袋而闻名，Moltedo 家族独家的皮革梭织法，让 Bottega Veneta 在 20 世纪 70 年代发光发热，成为知名的顶级名牌，此外品牌的其他皮件产品也享有盛誉。公司在 Vittorio（维托利奥）和 Laura Moltedo（劳拉·莫特多）夫妇俩的带领下自始至终皆把持着该品牌生产的专一形象，杜绝任何授权制作产品，如履薄冰的持续经营，因而也成功地将该品牌拓展至欧美、亚洲等地，其中又以日本最为彻底，拥有代理商所经营的 19 家门市。20 世纪末 21 世纪初，奢侈品牌并购此起彼伏，Bottega Veneta 得到 Gucci 集团的青睐，2001 年 GUCCI 集团以 6000 万美元收购了这家倒闭的经典老牌三分之二的股份，来自德国黑森州小镇 Pforzheim 的 Tomas Maier 也于此时加入 Bottega Veneta，成为设计总监，藉由 Gucci 集团席卷全球的超级零售经验和新任设计总监 Tomas Maier 的设计才能，Bottega Veneta 迅速成为经典手工皮具的殿堂级品牌。

2. 设计师背景

Tomas Maier 于 1958 年出生，曾在巴黎的 Chambre Syndicale de la Haute Couture 接受时装设计训练。他自 1998 年起作为主设计师在 Herm è s 品牌工作了八年，将现代设计理念带入到品牌服装设计中。虽然历经"911"事件的影响，品牌一度不甚景气，但 Tomas Maier 靠着炉火纯青的剪裁工艺和览尽世界最顶级皮革工艺的阅历，善用了 Bottega Veneta 品牌的皮革编织技巧，将品牌起死回生，重现了经典奢华风范。

3. 设计风格综述

Tomas Maier 秉承传统德国人的特性，追求严谨、低调、讲求品质，将中古世纪贵族罗马风格韵味灌注入 Bottega Veneta 的优雅格调内，精心设计的时装、皮具及配饰系列，完美地融入了潮流品位和实用功能，让顾客体验超卓品质和尊贵格调。Tomas Maier 的设计注重剪裁，讲究质料的悬垂效果和面料与身体的完美和谐。此外他的设计避免过多的细节装饰，给人以整体美感。

二十三、Trussardi（图莎蒂）

1. 品牌背景

1910 年 Dante Trussardi 在 Bergamo 建立了生产皮革手套公司，在第二次世界大战中，因为品质精良，被指定为国家军用手套的制造厂。1973 年老 Trussardi 孙子 Nicola Trussardi 选择行动敏捷、高贵的猎兔狗为标志来代表品牌的精神，同时大刀阔斧地将制作皮革手套的丰富经验运用到皮件、服装、钢笔、烟斗、器皿、旅行箱、鞋类等，使得 Trussardi 成为一个全方位的精品王国。在 20 世纪 80 年代，Trussardi 发展了他个人风格的女装，男装及 Sports 系列、Jeans 系列、香水，在他的作品中所表现的通常与世界的文化和艺术有关，这些系列反映了一个现代与改良的生活方式，皮革的使用、高贵的纤维素材、特别的细部设计，高科技的运用，使 Trussardi 独特的设计更为突出。1983 年，第一次 Trussardi 展在米兰卡拉歌剧院举办，由 Nicola 及后代后代 Beatrice 和 Francesco 设计，作品在时装界一炮而红。20 世纪 90 年代，Trussardi 公司已成为了一家具有国际营销网络的跨国集团公司。1999 年，Beatrice 和 Francesco 接替父亲全面掌管庞大家族品牌的设计工作。

2. 设计风格综述

Trussardi 的皮件一直以来被视为品牌王国中的经典之作，不论是皮包或皮衣，与其他品牌大不相同的就是他擅长为极为柔软的皮革塑型。它的皮具设计高贵、优雅，吸引了不少白领人士的垂青。Trussardi 的服装是以休闲类为主，设计风格简约、大方、飘逸，所演绎的风采气质出众，由内散发到外的优雅，又带着淡淡的忧伤，是社会的中流砥柱，却又有着细腻的内心世界。

“极简摩登”是对 Trussardi 服装风格最好的形容，在跨世纪极简风潮中，Trussardi 更以准确的态势抓准了极简摩登风格，运用黑、白、紫等个人风格明显的颜色搭配利落的剪裁，透过单纯的搭配，简简单单地就穿出非常都会感的摩登气质。总体而言，Trussardi 的服装最大特色是简单廓形、无多余装饰、表现布料单纯的质感和本来面貌，这符合品牌的总体风格。此外 Trussardi 另一个特点则是运用抢眼色彩来凸显个人风格，trussardi 的色彩非常丰富，包括海军蓝、橘红色、薄荷绿、米驼色等色系，而紫、桃红、黑、白等都是 Trussardi 常用的服装颜色。

二十四、Valentino Garavani（瓦伦蒂诺 · 加拉瓦尼）

1. 设计师背景

Valentino Garavani1932 年出生在意大利北部的 Voghera（瓦格纳），少年时代即显露出艺术天赋和审美情趣。1949 年，十七岁的 Valentino 进入了米兰桑塔马塔学院学习时装，一年后，他又前往巴黎学习，学习期间曾获得了国际羊毛局举办的时装设计中大奖。之后，Valentino 进入了 Jean Desses（珍 · 黛西丝）高级时装公司工作，在任德塞助手的五年期间内，掌握了一定的设计知识和缝纫技艺。1960 年 Valentino 成立了品牌公司，曾遭受挫折，但 Valentino 将品牌重心转移至精品系列后获得成功。1967 年荣获时装界的奥斯卡奖——Neiman Marcus Award。2008 年 Valentino 正式退休，如今主设计师为 Pier Paolo Piccioli and Maria Grazia Chiuri 夫妻组合。

2. 设计风格综述

Valentino Garavani 的设计代表的是一种宫廷式的奢华，高调之中隐藏深邃的冷静。他那极至优雅 V 型剪裁时装，更是让人折服在这种纯粹和完美的创意之中。Valentino Garavani 的传奇被公认为“意大利制造”的标记，米兰成为全球时尚中心，Valentino 功不可没。

Valentino 在意大利语中意为“情圣”，这仿佛昭示着 Valentino 品牌从诞生之日起，即与高贵浪漫结下了不解之缘，他常用柔软贴身的丝质面料和光鲜华贵的亮缎布绸，采用合身的剪裁、精致的工艺以及融洽的整体配搭，能展示出女人梦寐以求的风韵。Valentino 对于红色有特别的喜好，这种红色就是人们熟知的“Valentino 红”，他运用各种红色的雪纺绸、透明纱、绉、缎设计的礼服高贵非凡，穿上 Valentino 红色礼服是女人们的梦想。所有一切造就了 Valentino 的独特魅力，并在竞争激烈的时装圈中傲视群雄。

二十五、Veronica Etro（维罗尼卡·艾巧）

1. 与设计师相关的品牌背景

Gimmo Etro——Etro 的创立人和设计师，是一位酷爱旅行与历史的意大利人，正是这种对不同文化和美的感悟激发 Gimmo Etro 于 1968 年在意大利创立了 Etro，同时在风格上 Etro 常常强调异国风情与民俗文化的展现。在创立初期，Etro 最初主要专注于生产高档纺织品面料，如开司米、丝绸、亚麻布和棉。而令 Etro 名声大振的是其后推出的令人耳目一新又富于变化的 paisley（佩斯利）图案。随后，paisley 图案便成为 Etro 的设计标志和品牌象征。Etro 的产品线包括皮具系列和家用饰品系列。皮具系列品种繁多，大到旅行包、手袋，小到钱包、化妆包、钥匙扣等，而家饰系列更是包罗万象，寝具、像框、台灯、食品罐等无所不有。因为生产纺织面料起家的原因，Etro 对成衣的用料和工艺有特别高的要求。加上精致高雅的布料、一丝不苟的做工、独特而多变的设计，使 Etro 成衣成为当之无愧的潮流典范。

现在，公司主要由 Gimmo Etro 的四个儿女经营和管理，Veronica Etro 主管 Etro 女装系列。

2. 设计师背景

Veronica Etro 是创始人 Gimmo Etro 的小女儿。1997 年，Veronica 从国际著名的伦敦圣马丁艺术学院毕业，加入 Etro 公司。她曾从师国际著名设计师，学得宝贵经验并创立了自己的风格。她喜爱摄影，曾参加伦敦的摄影师年展。目前她主管 Etro 女装系列，这为她提供了一个能够充分发挥创意和自己独到见解的舞台。

3. 设计风格综述

Etro 是新奢华主义的同义词，它象征追求精致与美感的生活文化。Etro 充满了创造力，高质量的天然纤维、配以优雅的设计、时尚的色彩和精致的工艺……这就是 Etro 所追求的品牌内涵。和他父亲一样，Veronica 也热爱旅游、文化和现代艺术，对 Etro 品牌文化和艺术创作有着相同的理解，在 Etro 的舞台上我们也看到了她的独特创意和对服装独到的见解。民族元素是 Etro 的创意源泉。Etro 的服装常从一个全新的角度去诠释和利用这些民族元素，形成一种优雅、时尚、充满现代感的设计风格。要知道，灵感并不是设计师对民族元素的钟爱，而是在了解这个民族巨大的历史和文化背景之后的创造力。”

第三节 米兰时装设计师作品分析

1、Alberta Ferretti(艾伯特·菲瑞蒂)

这款飘逸的V领雪纺长裙，呈高腰结构，细密的抽褶使款型呈X字，将女性曲线完美勾勒，如同希腊女神一样神圣而高贵。新奇而精美的薄绸，随着体形变化而自然皱起泡泡袖，内衬精致的吊带裙，配以自然简单而妩媚的外裙，这种性感的设计被Alberta Ferretti发挥的淋漓尽致。无庸置疑，Ferretti是运用薄纱运用高手，每季作品中都有不同效果表现。与以往的设计不同，这款设计中对薄纱面料运用着意表现由层叠而产生的闪色效果，金属黄与松石蓝交相辉映，使原本单一的妩媚增加了几许现代感，更加符合了现代都市女性时尚追求。(左图)

这款作品成功展现了“简即繁”的艺术准则。整款造型简洁，轻薄的质料使服装自然而飘逸。设计师以抽褶作为主要设计手段，以不对称的结构在左侧臀腰处运用，产生向上的自然波纹，这不禁让人有古希腊服饰美感的想象。装缀于胸前的纱结是整款的设计焦点，并延伸至左右肩，一密一疏，形成不对称的独特效果。覆盖在不透明衬裙上的轻薄雪纺，在胸前和腿部形成透视效果，女人特有的高贵和秀丽，在面料的不同组合变换中展现了出来。艺术性的褶皱在亮眼的冰蓝色系及有褶摆的雪纺搭衬下，绝对能让好莱坞女星们在走红地毯时，成为最注目的焦点！Ferretti就是这样的设计师，她能巧妙地抓住了材质特性，展现出最令人深刻的女性风尚。(右图)

2、Alessandro Dell'Acqua(亚历山德罗·戴拉夸)

这款连衣裙造型合体，透出女性的曲线美感。整体上以设计师所擅长的薄纱作为面料，通过面料之间的组合穿插，使连衣裙产生或遮或透的效果，颇有飘逸灵动感。裁剪锐利的透明薄纱和一直蔓延到胸部的蕾丝花边，更增添了几分柔美的女性魅力。隐约可见的印花图案和高光亮银色，使黑色调不再显得沉闷乏味，反而透出几分神秘，充满生气，随着薄纱轻轻舞动，完美演绎出浪漫的黑色旋律。飘逸的秀发，清新动人，塑造出柔美自信、浪漫高贵的女性形象。(左图)

流行时尚每一季主题变化多端，设计师的设计手法也多样，在重视材质肌理和再造的氛围下，设计师尝试着服用材料的混合使用。这款作品最大特点是针织和梭织面料混合使用，设计师在同一件服装上将两种不同性质面料错落有致地拼接排列。毫无疑问，上装是整款设计的重点，造型硕大的盆领颇具张力，胸线以下紧身合体，但是通过使用针织和梭织两种面料，不同的肌理效果泾渭分明，精致和粗犷形成有机对比。在色彩方面，设计师将象牙白和米白互为配衬，延续了设计师高贵典雅、充满理想主义情调的风格。这就是设计师眼中的女性，高贵典雅，又细腻温柔，追逐着时尚的脚步、紧跟流行的风向。(右图)

3、Antonio Marras（安东尼·马拉斯）

这款作品基本上延续了 Kenzo 的一贯民族风，同时作品融入了英伦学生可爱风格。Marras 运用其华丽讲究的裁剪功架设计出西式双排翻领合体短装，内衬白衬衫和红领带，下配宽松阔口长裤。此款色彩与上衣匹配的针织报童帽，使整套服装抛弃了沉重刻板形象的款式设计。设计师试图在增加穿着舒适感的同时，力求刻画出女性优美的曲线。整款服装色彩的搭配别具情调，上装为深蓝色系，下装是与其形成对比的浅灰色系。上装是设计重点，领边、袋口镶色采用与下装的浅灰色系一致，整体色彩和谐统一。丰富多彩的纽扣与色彩艳丽的帽子组成欢快乐章，使得整套色彩沉闷的服装即刻焕发出了年轻人的朝气。面料的运用也很丰富。上装硬挺的面料刻画出女性优美的曲线，而下装飘逸，悬垂的面料不但与上装形成对比，更彰现出女性腿部的优美曲线，随着模特轻快的步伐，飘逸而优美。绸缎光泽的红色领带，金属光泽的银色纽扣以及塑料的大红和深蓝色纽扣都给厚实、硬挺的上衣带来了青春的活力。再加上质地粗犷的针织报童帽与细腻飘柔的裤装面料的对比，更显得整套服装是那么的丰富多彩。（右上图）

设计师秉承了一直坚持的将多种民族文化与风格融入设计，并不以国界为设计范畴的理念。他大胆吸收民族服饰特点，打破传统过于平衡的设计，充分利用东方民族服装的平面构成和直线裁剪的组合，形成宽松、自由的着装风格，很好地将东洋风格与复古情怀融为一体。运用平面构成和直线裁剪的组合而不使用塑造立体曲线的省，体现了 Marras 以往的招牌设计手法，作品散发出日式禅风。虽然颜色上只用了黑白两色，款式也相对简单，但面料的运用却进一步丰富了设计本身：上装柔软的面料包裹出日式的禅风，再加上黑色透明纱料与白色面料的叠加使用不仅柔和了两者间色彩上的过渡，还丰富了面料本身的肌理感觉；下装的裙子则运用挺括的面料很好地塑造了整体的 A 字造型。色彩上，主要运用黑白两种颜色。胸部以上主要为黑色，下面的裙子则为大面积的白。但是由于白色裙子上的黑色底摆，纵向的两道黑色结构装饰线以及裙子中间的黑色花卉图案的装饰，使得黑白两色的对比过渡自然而且和谐统一。（左图）

4、Consuelo Castiglioni（康斯薇洛·卡斯蒂廖尼）

宽松自然的敞开式短外套采用七分敞口袖结构，具有十足的运动感。所搭配的紧身印花恤和紧窄法兰绒长裤，与上装一张一弛，别具特点。贯穿一致的明快色调；抽带式的领口设计、Marni 著名的落肩设计、涂鸦式的印花图案和颇具运动气息的腕饰，使整款设计充满阳光感和清纯气息，表现简洁时尚的运动风格，色彩以简单的黑白灰处理。（右中图）

外套特地选用了英式防雨布，这是一种在男装中比较常见的硬朗面料。闪光面料的使用，为整个系列频添了几分现代感。宽松随意摆动的罩衫式短外套，采用柔软的丝绸面料点缀于高科技面料材质上，再加上具 20 世纪 80 年代风格的帅气皮带，轻与重，亚光与闪光，柔软与坚韧，对比强烈的不同面料再次同台撞出火花。配饰方面也别具匠心，色彩丰富的重金属设计为灰色调的服装带来了一抹彩色的亮点，并理所当然成为设计的视觉中心。整体感觉些许奢华，但不卖弄，低调而不炫耀招摇。可见，在这个目标尚未成为设计的中心的时候，Marni 的风格其实已经开始朝着这个方向侧重了，视觉第一的思想贯穿整个系列，渗入到套装的款式和裙衫的色彩等方方面面。（右下图）

5、Dolce & Gabbana（多尔切 & 加巴那）

Stefano Gabbana 和 Domenico Dolce 擅长从生活、电影和生活圈子中发掘灵感，如好友麦当娜身上的时尚元素就曾给设计师许多灵感，2007 年 Dolce & Gabbana 秋冬系列设计就是将玛多娜 20 世纪 90 年代初期那本惊世骇俗的《Sex》摄影像集搬上 T 型伸展台，将高级时尚与性虐情色融合起来。Domenico 和 Stefano 认为女性魅力不光是紧身或裸露，更是浑然天成的自在态度，和被包裹的性感。这款宛如太空装的束腰长大衣，透明如蝉翼，把女性的整个身体半透明的包裹了起来，显眼的超宽腰带紧跨肋骨，收紧宽松的造型，领部和腰部上下呼应的飘带、褶裥的处理使薄褛分出层次感，闪烁着奇异的光芒，像是女神又像是黑夜的使者。皮质的紧身胸衣以金属作装饰，具情色意念，胸衣结构线条分明与薄褛相融，两种对比强烈的材质相互作用勾勒女性体型结构。内衬的亚金色内衣使整体色彩和轮廓都显冷调而超现实。两位设计师的思想核心仍旧是那么的鲜明而且强势。（上图）

Dolce & Gabbana 的副牌 D&G 相对于主牌更具年轻和前卫感，视觉冲击力强劲。这款豹纹的超短裙相比主牌，设计显得简练许多，重点突出活力感，面料的纹样与 T 台两边的类似豹纹地毯统一，D&G 一下把我们带到了 20 世纪 70 年代。豹纹的运用加以艳红的配饰，使 D&G 的设计显得张扬而又有热情，裙子在领部设计了大型的同料飘带，洋溢着青春律动感。在饰品的设计上，表现出设计师一贯的大胆作风，鲜艳的大红色配在漆皮包上，同时配上超大的方造型，俨然成为凝聚视线焦点的出色单品，同色设计的还有高跟鱼嘴鞋，两处红色的点缀马上引发整体的活力、动感，Stefano Gabbana 和 Domenico Dolce 营造性感狂野风情的绝佳功力，再度得到淋漓尽致的发挥。（下图）

6、Dean & Dan Caten（孪生兄弟）

双胞胎发现他们遗传着母亲部分英国血统，开始在英国贵族阶级中发掘设计元素，无论是前卫牛仔裤还是奢华晚装都体现了这一构思。这款皮装与牛仔裤的搭配依然是 Dsquared 2 的经典形象，作品充满着英式上层社会的贵族气。黑色皮质小西装剪裁精良，精致的徽章，搭配马术帽和七分的牛仔收脚管裤。正如一些媒体所说的，Dsquared 2 会像把啤酒和香槟混在一起那样，将对立的风格混搭在一起，诸如色情的与华丽的，便帽与大礼帽等，正是这种大胆的组合抓住了新新人的时代精髓，特立独行，标新立异。在这款设计中，我们也能发现这种调和，玫红色的骑士马甲，英气的马靴彰显出十足率性的牛仔女孩味道，与无尾礼服的白衬衫组合，显现出时尚而又充满贵族气息的独到品位。（右上图）

DSquared2 的作品永远保持着其那独有的特色风格，一种沁人心脾的性感和冷艳，散发着神秘气息的魅力黑色，使作品显得深邃。整款设计秉承了 DSquared 2 超级性感与桀骜不羁的风格路线，作品充满对比语汇，如造型上的紧身与宽松碰撞，这也是 DSquared 2 一贯的近似矛盾而又张扬鲜明个性的手法。黑色是当仁不让的主题，明黄色与之碰撞擦出光亮的音符。（右中图）

7、Donatella Versace（唐娜泰拉·范思哲）

这款裸肩短裙在款式造型上，高腰紧身、呈 X 外形结构，似在尽情讲述设计师浪漫唯美的创作诉求，将帝政的贵重气质与比基尼的自然随性作了折中的融合处理，也开门见山地凸现出了 Versace 品牌一向注重的优雅主线。裙身门襟线条向两侧自然散开，至臀部外侧与下摆融合，这些和谐随意的细节处理诠释了设计师的优雅浪漫情怀。Versace 经典式的内衣外穿风格也得到宣泄，比基尼上衣以二分之一的遮盖比例将身段的妖娆魅惑刻画得十分勾魂摄魄。整款选用暗哑的金色绸缎，漆金颜色让人联想起品牌的标识——金色 Medusa（希腊神话女妖）蛇发魔女，带着狂妄又让人不可抗拒的魅力。精巧的吊带设计既展现了优美的颈部曲线，又提升了时装的时尚魅力。（右下图）

灵感源自于电影《埃及艳后》中的巴洛克式场景，恢弘的王室建筑、闪烁的王座、美艳的舞蹈、梦幻的色彩，还有影后 Elisabeth Taylor——美貌绝伦的女王。本款连身曳地裙，Donatella 选用别致的木炭灰色为主调，以具有未来感、顺滑的科技面料带出了足够的奢华度和慑人心魄的恢弘气势。具体款式上，她那强调了腰和臀的罩钟式的裁剪，完美地控制了腰身，裙长及脚踝，顺着脚姿晃动，带出了女性的妩媚和妖冶，这款有雕塑流水感的长晚礼服，或多或少地带有 Gianni Versace 的剪影，但也非常符合 Donatella 的一贯风格。这也许是 Donatella Versaoe 在开辟自己道路的同时，刻意地保留着独属于她胞兄的设计精髓吧。（左下图）

8、Franco Malenotti（弗朗克 · 马勒诺提）

此款服装极好地展现了 Belstaff 及其富有幻想的设计理念。以拉链和铜扣等常用辅料作为主要装饰手法，穿着不经意间便能渗透出一点摇滚风格的味道。铜扣以及袋盖的结合运用，很容易让人误以为周身上下布满了口袋，值得注意的是，它们无序的排列却在整体服装上体现了一种和谐统一；一根扣挂在颈部的腰带贯穿了整套服装的始终，其设计思想独具新意；拉链的黑色布带的使用使整套服装白而不腻，落落大方。简单的款式透出丰富的细节变化是此款服装的时尚精神。（右上图）

面料质感的对比是这套服装的亮点之一：柔质外套体现了女性高雅与朴质，反光皮革则略显粗犷与冷峻。黑色镶白边的宽松式西服款式，既干练又不缺乏女人味。修身剪裁的皮革短裙，颈部的领子搭配日字扣是为了凸出女性完美的颈项；衣身的“严实的包缠”更突显女性的优美曲线，体形也更为挺拔。裙身上不同位置的拉链装饰，体现了 Belstaff 服装的细节考究。整体的搭配体现了了一种英式的优雅。（右中图）

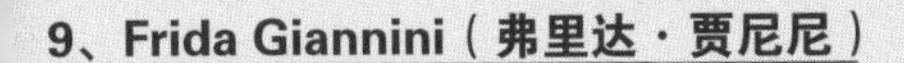

9、Frida Giannini（弗里达 · 贾尼尼）

酷爱佛罗伦萨安静精致生活的 Giannini 也是书迷，许多有个性的女性带给她无限的灵感，20 世纪 40 年代的 Lee Miller 就是她设计的灵感缪斯，这位有着模特从业背景，后投身战地摄影的超现实主义人物触动了 Giannini，她将触觉延伸到 20 世纪三四十年代。在具体设计上，Giannini 将重点放置在腰线和肩部的设计，高腰和肩线得到强化，双带搭扣塑造的帝王式腰线比例，在整体上奠定了冷酷的基调。20 世纪二战后的女装潮流也得到清晰的回溯，具爽朗冷酷的暗色调又及抢眼的斜条纹真丝衬衫，同料的长围巾，营造出立体的视觉效果，束于高腰裤中，强调了时代交接中的知性女人严谨又不乏浪漫的个性。尽管如此还是掩藏不住一些小小性感的女性化设计，包括深深的 V 领、金色的夸张 V 型项链等细节处理，这就是 Gucci 最为经典、招牌的风格！（左下图）

Giannini 擅长为那些古老经典的元素增添了摩登而新鲜的感觉，Gucci 深厚的传统是她灵感的来源。这款作品 Frida Giannini 重点表现军士风格的硬朗飒爽，阐述现代女性把持时尚的深度和真实。狂热炙烈的朋克浪潮下，撕裂的重金属、泛滥的硬摇滚、性感的紧身衣装束、炫耀的鲜亮色调、方兴未艾的黑人街头文化……这些具深刻时代烙印的 20 世纪 70 年代元素被设计师了如指掌。于是，极端的短裤、教士袍的檐状坎肩、搭扣款式的宽腰带，加上热带风情印花的冶艳铺陈，不由分说地就将你拽回至 20 世纪 70 年代喧嚣的迪斯科舞厅，你甚至有随着那些耳熟能详的节奏摇摆身体的冲动。细节处理一样精妙和耐看，中等尺寸的方形漆皮鞋跟、搭襻处的边线、遮盖半脸的茶色太阳镜片、曳动生姿的孔雀尾羽绘图，目及之处尽是岁月无声的永恒印记。（右下图）

10、Gianfranco Ferre（詹佛兰科·费雷）

Gianfranco Ferre 从摇滚乐及 David Bowie、Mick Jagger、Iggy Pop 的黄金时期作品撷取灵感，创作出极具感染力的女人系列。本款白金色单车手皮夹克，配紧身华丽的哑金色窄裤，帅气、干练又充满了坚毅、刚强的气质，这种新奇的搭配体现出 Ferre 的典型设计构思。孔雀蓝的亮饰装点在皮装衣片上，充分展示了摇滚与奢华的完美结合。裤装上纤细的装饰，呼应了上装，同时也是设计师注重的细节表现。下摆和袖口的简单宽橡筋罗纹，恰如其分地展现合体外套的利落感。在饰物方面，包、手套、腰带都与整体服装保持一致的色调，和谐流畅。这款夹克装在廓型上呈 H 型，也切合设计师要表现的中性风格。（右图）

曾到访过中国、游历过印度的的 Ferre 对古老东方文化有很深的印象，这款银色的厚缎上装，就融合了不少中装元素。宽袖连肩的平面式结构是典型的中装风格，厚缎衣身和袖口拼接的花纹都是传统的中国纹样，银色缎料配上凹凸花纹演绎出超级华贵，银色衫束上了紧身小马裤，利落而有点运动风格，整体上混溶了古今、东西方等多种对立元素。在细节上，设计师巧妙地在上装上开了个领口衩，银色镶条勾勒出马裤的腰线和裥位，此外在膝处还有贴条装饰，不能不佩服 Ferre 的独到手法，而所有这些细节又不能不令人联想起设计师的建筑设计背景。（左图）

11、Giorgio Armani(乔治 · 阿玛尼)

外套吸取了男装的枪驳大翻领造型，收腰结构，因圆垫肩的使用而外形微耸，轮廓挺括。一粒扣上装结构线条流畅，干脆利落。生丝色的小吊带衫、灰色的窗格纹套装与黑色腰带、白色裙组合在一起。荷叶边的及膝裙、堆叠绞花边的装饰、系扎如流苏般的腰带，让人目不暇接。整体设计上，既有男装的元素运用，又不乏女性柔美表现，属于 Armani 式的中性风格。这款半正式的套裙装加上小晚宴圆帽、银色的手抓包和腰带，既适合上班需要，还可以参加下班后的聚会、半正式晚餐、工作娱乐晚宴等，无论如何都游刃有余，从中可充分体味出 Armani 那著名的实用主义设计理念，正是这样他在传统风格和时尚新颖之间取得一个狡猾的平衡，在舞台上为我们上演高潮迭起的时尚盛宴。(左图)

带着编织头罩的模特们仿佛跳脱了时空的限制，看上去年龄莫辨。高贵优雅的露肩小礼服，搭配平底鞋履更显从容，整体呈现为简约的 A 造型，绣满刺绣的紧身裹胸勾勒着身体的曲线，束腰的结构将女性柔美娇媚的身形魅力完全表达。连接着柔软蓬松、质地轻盈的膝上短裙，柔和的淡雅灰色调一如往常，半截裙的衬里设有绢网骨撑，平添脱俗帅气。同色系长及上臂的编织袖套，呈现细致摩登的优雅，增添了几许年轻生动的气息，为经典性感添新意。意式时尚与简约主义碰撞出既年轻优雅又明朗利落的新风貌。(右图)

12、Graeme Black（格内木·布莱克）

这款作品让我们更多感受到的是尖锐逼人的阳刚气息和现代感。具20世纪80年代风格的合身小西装搭配大码宽腿裤，收腰剪裁、腰间有着别致的打折。Black在设计中添加入少许男装的设计元素，像翻折边的裤口、直线条的版型、厚重感的中帮靴等，将富有曲线美的时装置于考究的剪裁中。披风式的领型线条流畅，突出肩膀的曲线造型，大女子主义压倒性的气势似乎更胜男性一筹。Black非常巧妙的将米色融合在它充满阴柔魅力的整体线条中，不仅让人丝毫不觉严肃沉闷反而透露出隐约散发的性感韵味，有点跳跃的及肘皮手套与七分袖完美融合于一体，打造出婉约动人的20世纪40年代女性形象。（右上图）

这款作品延续Graeme Black一贯的束腰连衣裙路线，并保留了Ferragamo经典咖啡色调，总体廓形上紧下松——紧身上装配合蓬松裙装。华丽的绸缎高腰裙束紧身体，质地轻柔飘逸，束袋式宽褶体现了紧跟潮流的设计思路。罗绫背心的设计带来了一些休闲、轻松的意味。设计师为力求变化，适时地搭配艳丽不张杨的暗红色包，再加上鞋匠世家的精美鞋履，表现Ferragamo娇美经典的风格，意在不求多，但求尽可能完美地表现女性曼妙美感。（右中图）

13、John Richmond（约翰·瑞奇蒙德）

John Richmond喜欢用水钻、流苏、蕾丝等华丽的元素来诠释自己的设计，无论男女装都极尽性感的风格，紧密地包裹和贴身的裁剪将穿着者身体的线条展现的更加彻底。Richmond的设计有着华丽的外衣，黑色皮的材质和柔软面料相互搭配，珠饰材质和网纹丝袜的应用，使John Richmond的不羁性感与狂野时尚具有了几分高贵，就像是把玩重金属乐器的贵族们，在朋克与奢华之间游荡。这款透视装设计中，女性流行的长短搭配着装被John Richmond给予新的注解，上身皮衣与缠于腰间挂链的长短搭配，把服装原本井井有条的界线给予了打破。此外黑色薄纱、银色饰链及装饰挂件的搭配，将金属乐的感觉再一次展现。John Richmond对于女装的性感元素的运用也是值得一提的，网纹丝袜的运用，和身体内部的T字裤的混搭，还有起于胸部的透明小短衫都把女性的性感完美地表现了出来，女性的柔美气质被John Richmond加上了极富金属个性的定义。性感的面料、丰富的细节配合硬挺的廓型，John Richmond女郎拥有了深邃的魅力，也是Richmond对20世纪70年代朋克元素的重新定位。（右下图）

这款抹胸小黑裙，极端超短设计，衣料紧裹包臀，配合超长的皮手套，性感逼人，是John Richmond一贯的摇滚风格。黑色的披风，有哥特式风格的影子，传达诡秘的时尚精神，吊带上简单串绳的装饰仿佛把不羁压制在身体内部，这一切使其设计尽显高贵的放肆。在面料上，三种性格完全不同材质被设计师巧妙融和在一起，皮革的狂野、绸缎的光滑、雪纺的飘逸，拼合出新鲜的感觉。领部的皮质黑带条是设计的亮点，显现出戏谑清洁，John Richmond从细节入手，给戏谑加上了缰绳，给欲望限定了边界，制造出一种疯狂的摇滚风情。（左图）

14、Missoni（米索尼）

为了给印花纹样赋予新鲜的视觉效应，Angela选择了貌似普通但可塑性立体性极强的锯齿状纹路这一Missoni品牌基因，铺陈在上衣中。面料以渐层变色的处理，具朦胧光影感，营造出将身体温柔环绕的飘渺感觉。大地色系中的灰褐色，还有朴实的普蓝，经过水洗后的漂色效果，呈现出了质朴感。款式以具东方情调的和服式短衫搭配休闲短裤，掺进了有反差感的潮流元素而颇有趣味。宽阔的绸布镶边醒目勾勒出清晰的廓型，系在脖子上的绵长锻带，使服装踏在轻快的旋律上。带有宽阔口袋的灯笼短裤，不经意间带出了玩世不恭的感觉。配件也紧扣主题，包束发髻的印花头巾令作品更加完美可观。（左上图）

著名的锯齿状图案针织面料风衣，搭配着丝绸衬衣和中长大摆裙，彰显出现代女性摩登的现代气质。九分袖及皮手套上都装饰着毛茸茸的皮草，带出一种低调贵气的狂野时尚。窄细的皮革条由金属铆钉固定出不规则的造型，装饰在针织风衣的胸腰位置，在强调女性腰部曲线的同时，也带出了一种时髦的朋克概念。整体上以褐色系为主，配搭金属色、灰色和白色，融古典与现代于一体。（右上图）

15、Miuccia Prada(缪西娅·普拉达)

这款展现曲线的条状摇曳小洋装在款式上十分干脆利落，印制的多色环领条纹，与裙摆上的菱形花纹带出浓浓的欧陆民俗感，高腰的线条剪裁以及黑色的头巾，艺术气质很浓。裙的颜色低调沉实，正是这种如勃艮第葡萄酒般的暗红、普罗旺斯薰衣草般的明紫、米兰大教堂大理石墙般的暗白，安静地为印纹作着背景铺垫，使一种悠远绵长的欧陆古典情愫瞬间蔓延心扉。裙裾富有质量感的流苏凸显出Prada我行我素的概念。（左下图）

设计成的私校女生模样的开襟马甲、及膝窄裙充满校园活力，倒V字型斜向的分割简洁明快，窄立领和窄翻领的设计极简而不平淡，暖茸茸的安哥拉羊马海毛与有点盔甲感的马甲形成对比。裙子上的渐变色是整体设计中的又一亮点，故意留出毛边的裙摆充满了精致和粗糙并存的矛盾风格。在造型上，不强调腰身和性感曲线，盒子形状的方型轮廓、中性造型，好似回归到Prada早期20世纪90年代的极简风格，别致无比。Prada在配件上的设计也是独有功力，黑白分明的半截袜与金色露趾鞋抢眼不已，显出未来感十足的超现实新潮与利落。（右下图）

16、Raf Simons（拉夫·西蒙）

Raf Simons 重新定位了西装小翻领，小巧而精致。这款简洁的外套造型呈 H 字形，干练清爽。设计线条简洁流畅，在腰下存在折线将视觉分成大小两部分，呈现和谐的比例关系。色彩回归到一贯的风格，白、灰、黑成为主角，淡雅朴实。Raf Simons 有着极强的掌控能力选用各种材质制作大衣，从开司米到中式卡其布，这款白色的大衣秉持原 Jil Sander 丝毫不差的精准剪裁，两侧的省道新奇别致，堪称点睛之笔。此外超小的翻领、正腰线的分割、硬朗的线条，都透出 Jil Sander 对简约风尚的理解。（右上图）

这款连身裙设计线条流畅，有点保守的一字领，胸线处分割将上下分成两部分。整体剪裁合体，既不过于强调体型，又保持些许随意松身，这是品牌独有的风格延续。作品结合了未来主义美学，加入先进技术的羊毛丝表面具有闪亮效果，闪光的服装适时随着光线和身形的摆动而出现不同效果。双色闪光面料的组合，带有强烈的未来主义美学意味。（右中图）

17、Rifat Ozbek（瑞法特·奥兹别克）

Rifat Ozbek 精于将自己的阿拉伯文化背景与现代时尚的融合设计，创造出具有时尚、舒适、实用华丽的服装风格。黑褐色的皮革驳领长套装，内衬同质超短裙装，款式简洁，但透出浓烈的阳刚气息。在领口处露出红色高领针织衫作点缀。胸前夸张的配饰是此款出彩之处，双重月牙造型超大挂饰夺人眼球，隐隐透着几分民族特色。同时加上褐色大墨镜的搭配，将这种民族感定义在时尚的前提下，打造出个性十足的时尚女性形象。这种民族和时尚相融的概念就是设计师创造的独一无二的 Pollini 风格。（右下图）

纵横交叠、蜿蜒缭绕的纹路在衣衫上堆砌出不同的抽象图样，你大可以凭自己的眼光或想象进行定义，是藩篱的投影，是夸大的字母还是猫咪的形状，统统取决于观赏者的心头喜好。安逸的褐色调点缀在白色连衣裙上，形成规整的对称图案，附着在沙滩日光浴或周末购物穿着的行头上，抒发着假日的气息。模特的头饰也别具一格，带有自然风情的花饰与服装上的印花折射出原始非洲丛林的生态氛围。模特颈项上佩戴的饰圈和臂饰均出自于英国帽饰设计师的 Philip Treacy 之手，强烈的后现代风格与霓裳鬓影形成了完美的互动。（左下图）

18、Roberto Cavalli（罗伯特·卡瓦里）

这款放射状斑马纹样礼服，设计大胆、构思巧妙而又极具吸引力。颈部粗线条的项链和收腰低胸的设计，使女性美显出了妩媚的特征。这件礼服非常引人注目是它的丝质拂袖，配合斑马纹令人眼花缭乱，独特的视觉效果加深了作品的感染力。由胸间逐渐展开的斑马纹和丝质拂袖上的纹样呼应，骤然提升材质的丰润感，加上粗粗的马尾，表现出女性既狂野不羁又柔媚镇定的独特个性。（右图）

运动风格的上衣与短裤的组合以轻柔的丝绸材质表现——这便是Cavalli式的“贵族休闲”。色彩搭配上是设计师一贯的大胆配色风格，柔美的紫红色与鲜亮的宝蓝色搭配，两种色相差距极大的色彩被设计师处理得光彩照人，罩衫上的印花繁复细密，足以显示设计师对自然界语汇的娴熟运用。结构上，简单的短裤与宽松层叠的上装形成对比，一简一繁，张弛有度。上衣的设计中，Cavalli加入了拼接、重叠等手法，袖口还不厌其烦地装上荷叶边，尽显奢华的复古贵族风；腰上装饰的穗带传递浓浓的异国风情。休闲的贵族气、神秘的华丽风，这一切被Roberto Cavalli演绎得淋漓尽致。（左图）

19、Roberto Rimondi & Tommaso Aquilano（罗伯特·里蒙迪 & 托马索·阿奎拉诺）

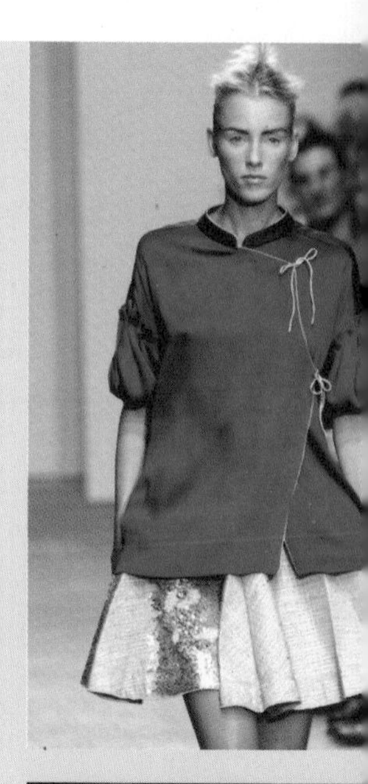

这对新锐设计师也善于从不同角度提取素材，包括流行的东方风情。东方式小立领和大红色调的宽松系带款式让人们感受到了浓厚的民族风情。折线式处理的偏襟设计给传统元素融入了现代感，将袖口上翻固定在袖子上，且设计成线条自然流畅的褶裥效果，从设计上冲撞了衣身结构的简单，也使整款设计更具现代感。下配以同样宽大廓形的小短裙，宽阔的折裥带出了整体的轮廓，裙身上精致的珠片绣花图案颇具东方内敛风尚，呼应了整体设计风格，色调和谐柔和。整款设计大方简洁，让人忘却了现代都市的纷繁芜杂。（右上图）

这款作品体现出设计师与众不同的设计构思，整款以素净的黑灰做主调，以剪裁合体的连身裙结构作外形，如此将人们的焦点集中在整款的外轮廓线条上。而领型的变化和体现意大利工艺的面料肌理效果打破了原本的沉默，使人们感受到了 6267 灵魂深处的一丝奔放。设计师别具匠心地以粗质呢料作材质，配上合体的外形，在矜持中流露出些许性感。粗呢面料，胸前的一片深灰插入却在视觉上加强了服装分量，简洁利落的裁减凸显了内收的腰线，胸线自然立体造型衬托出女性的妩媚和性感。胸下部的多层线迹与裙下摆的百褶效果形成呼应，弱化了粗呢大衣的死板同时给普通的连衣裙增添了设计感。透明纱质面料的处理吻合了正在流行的未来主义之风，马术帽却透着 20 世纪五六十年代的复古味道。（右中图）

20、Rosella Jardini（罗赛拉·嘉蒂尼）

Moschino Cheap & Chic 是一个年轻化的品牌，它的设计颇具少女味又不失时尚，便宜的价格更是一大法宝，Moschino Cheap & Chic 的饰品几乎成了校园女生的必备单品。这个品牌每一次出场总喜欢大玩“反差”设计，将任何看似不可能的颜色搭配变成可能。这款便装与小 A 裙的搭配很寻常，但很好地表现出 Moschino Cheap & Chic 的设计风格。颜色搭配独具特点，橄榄绿是主色调，橄榄绿与卡其色、灰色相拼，在胸前、袖片上分割在不同衣片，错落有致，裙子的灰绿色彩奠定了整体色彩基础。作为装饰性的徽章用鲜亮的白、蓝、红条纹来表现，高纯度的鲜艳红色手套与低纯度的面料成为对比，凸显不一般的创意。面料上，上装是普通的卡其布，质朴大方，裙子是光滑的天鹅绒，优雅高贵，两者的反差营造出 Moschino 特有的风格。Rosella Jardini 在设计中增加了许多女性化的元素，环绕领口的小荷叶边、收身的腰带、肩部的小襻，都为品牌营造出的淑女味。（右下图）

这款条纹装取材于非洲的部落盛装，条纹的棉布做成蓬松的部落迷你裙，红白条纹同时做成传统的头带，活泼动感十足。红白条纹的针织面料被制成披肩款式，由细密的蕾丝装点袖口，精巧的蕾丝花边作分割和边缘装饰，令人赞叹地拼接成内衬小吊带衫，那年轻无畏的姿态让人玩味再三，体现出无邪清纯但依然娇俏动人的效果。披肩还特别地束上装饰感极强的红色皮腰带，这样的设计是给那些在夜晚准备去舞厅来个火热约会或是表演的女孩们的。Rosella Jardini 依然钟情于视觉上的丰富感，色彩的丰富——红、白、黑三色的搭配，配搭款式的丰富：披肩、吊带衫、迷你裙、头带等，诸多运用在一起，无比迷人。（左图）

21、Rossella Tarabini（罗赛拉·塔拉毕尼）

性感，被 Tarabini 在这里表现的淋漓尽致，二分之一的齐胸旗袍类修身长裙，使整个女性的身材曲线完美地展现了出来，始于大腿部的前开衩和低胸的设计，更是使这种完美带着几分秀美和艳丽。由胸部开启的外翻，打着自然的褶皱由腰部形成交叉，自然垂于身体左右两侧，就如同从海洋里浮出的女神，高贵、优雅而且神圣。同时，那束于腰间的米黄色饰物，就像是女神从海里浮出水面时携带的象征物，或是贝壳或是神器，神秘、精巧而且顽皮。俗话说“女人是水做的”，搭于身体两边的褶皱飘带更像是海水的波纹，与身体平面单料的遮物形成对比，把女人的柔美和水质表现的恰到好处。腰间的交叉和腿部的开叉在同一个方向，形成上下的韵律美感。粉色是 Anna Molinari 品牌主色，针织雪纺面料可谓是 Tarabini 的最爱，所以这款设计带有明显的 Anna Molinari 烙印。接近于皮肤颜色的肉粉色与模特的肤色和直发金色浑然融为一体，就像是带着爱琴海气味的女神，使女性的气质完美的展露于世。（上图）

这款是 Anna Molinari 的副牌 Blumarine 的作品。与主牌相比，Blumarine 更年轻和具个性，每一个设计都表现的精致新奇，每一个细节都恰到好处，在强调女性特质的同时又强调反叛和个性的体现，这恰恰符合了现代都市女性的审美需求，也是 Blumarine 的致胜法宝。这款现代版公主裙是其中较有特点的一款。整款呈 X 型，紧身合体上身与外敞的裙摆形成对比。同样采用女性味极强的面料作主料，裙装的带光泽感绸料与内衬的透明蕾丝形成质感上的对比，把原先公主裙老套的纯粹淑女风味变得时尚而具活力。小立领、袖口折裥运用与裙腰抽褶处理互相融合，体现出女性的细腻感，黑色蕾丝花边的和金色的精巧蝴蝶结把女性的娇小可爱表现的淋漓尽致。黑色腰带系于腰间，与齐于腹部的裙腰线形成弧度对比。整款深蓝色调运用不仅体现了 Blumarine 的基因，更让人产生地中海蔚蓝色的遐想。（下图）

22、Tomas Maier（托马斯·迈耶）

这款作品廓型简洁，呈明显的X字型，灯笼袖、松弛的裙摆线条流畅自然。设计师选用光洁的真丝缎子，或饰上规整的金属或胶质亮片增强垂缀感，或以细软皮带来调适腰线的松紧，或用纹理图样作一些低调的修饰，带有浓厚的东方韵味，呈现出一种缥缈的时空感。Tomas Maier在领侧设计了独具匠心的打褶处理，与腰间、袖口浑为一体。整款色泽深沉、朴实，彰显成熟内蕴，带着一种返璞归真的手工作坊的味道和浓浓的禅意，这就是Bottega Veneta特有的风格，超越时间和地域界限的束缚，呈现矜持素然的独特气息。（左上图）

Tomas Maier以抽褶的裁剪工艺作设计的主要手段，上衣造型合体简洁，在袖肩部位设计了随意密集的抽褶，合乎人体结构。深V领开口并伴随抽褶，独具匠心。简洁宽阔的大摆裙长及膝盖，与凸现细节的上衣形成对比。有光泽的布料在表现闲适恬淡这一主题上起了重要作用。整款以灰褐色和米色组合，仿佛赋予了一种平静的淡雅氛围。整体设计上没有点缀没有修饰，一目了然的朴素，坦坦荡荡的悠闲，透出丝丝淡雅、柔美情调，但又不失些许性感。（右上图）

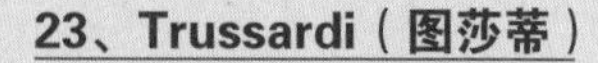

23、Trussardi（图莎蒂）

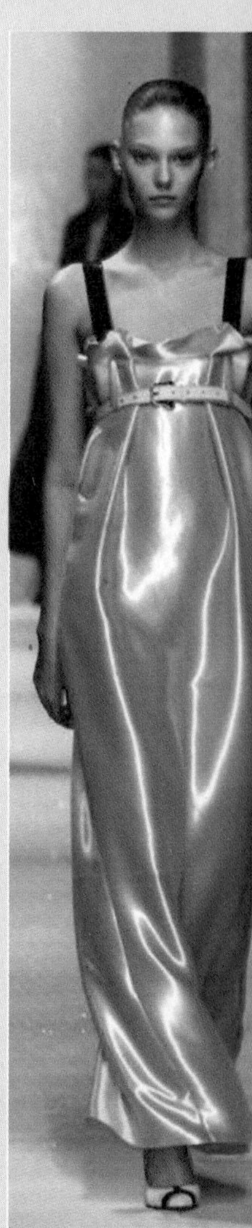

随意、潇洒兼有运动感的设计，灵感源于航空领域。设计师擅长将最精致高雅的服饰演绎得自然随意，完全没有刻意修饰的痕迹。这款作品适度合身、凸现肩部的猎装式夹克非常别致，外形硬朗，明确勾勒出服装轮廓，衬衫的领口系结妩媚动人，与外套形成对比。面料处理别具特点，皮革采用绗缝工艺处理，上下以两种方向垂直的直条纹状加以区分，门襟和领襻则是菱形格，折射出不同的光泽，使短小精悍的皮装充满韵律感。极其绵软而轻柔的皮料依然是品牌的核心，通过与丝绸面料的结合而创造出令人惊奇的集休闲与正式于一体，极具新意活泼感。在色彩上，以中性色的无彩色的银灰色和深灰色为主，搭配沉稳的棕红色，这是Trussardi品牌的传统。灰色皮手套的搭配尤其自然，在色彩上与裤装协调，在材质上与服饰浑然一体。整款服装时尚可人，甚至可以说是充满未来主义的风格。（左下图）

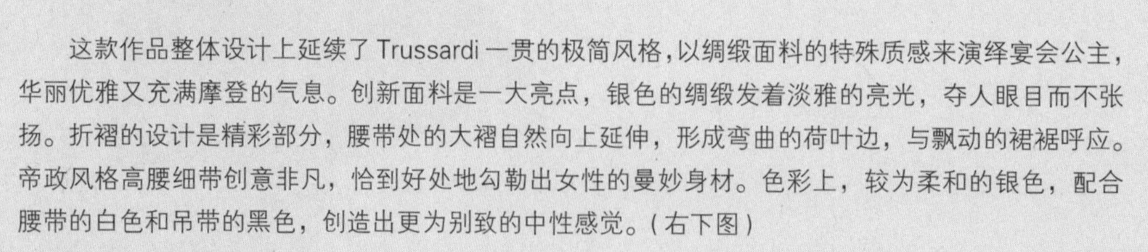

这款作品整体设计上延续了Trussardi一贯的极简风格，以绸缎面料的特殊质感来演绎宴会公主，华丽优雅又充满摩登的气息。创新面料是一大亮点，银色的绸缎发着淡雅的亮光，夺人眼目而不张扬。折褶的设计是精彩部分，腰带处的大褶自然向上延伸，形成弯曲的荷叶边，与飘动的裙裾呼应。帝政风格高腰细带创意非凡，恰到好处地勾勒出女性的曼妙身材。色彩上，较为柔和的银色，配合腰带的白色和吊带的黑色，创造出更为别致的中性感觉。（右下图）

24、Valentino Garavani（瓦伦蒂诺·加拉瓦尼）

这款绯红色晚礼服堪称Valentino的设计浓缩，整款采用端庄雅致的A字造型，以绸缎为主体，露肩、收腰，裙装长及脚踝裙，将模特身材勾勒得丰满匀称。同样绯红色的薄纱覆在表面，从腰际开始向外飘开，轻舞飞扬如天仙般美妙。在细节上，Valentino以别致的单肩带结构，由绯红色的薄纱折成长条，从腰至肩斜向做成肩带，打成蝴蝶结，更添一份复古典雅。在饰物的搭配上，正红色的手抓包和露趾高跟鞋采用缎纹面料，妖饶无比。（右上图）

"要女人看起来美丽动人"这个简单的概念，让高龄的Valentino先生不受潮流和景气影响，倾全力挥洒他的美学品味。这款服装透过华美的黑、深邃的灰和纯净的白，在怀旧中尽显出新意。不同材质的黑色面料组合在一起，光滑的黑色绢绸裙、柔和的黑色针织衫、塔夫绸的黑色滚边、高弹力的黑色丝袜，闪着不同的光泽，表现出一身轻柔曼妙的好体态。在款式设计上，前开口的两片裙传承礼服的风范，浪漫甜美。马甲十分考究，经过镶嵌、拼贴工艺处理的面料呈现出精雕细刻的奢华立体感，厚包边和塔夫绸精做的系带都表现出扎实的手工。整款设计由领口、袖口的白色提升亮度，尖角的设计使Valentino一贯的名媛设计风格更加精致，有巨星架式。（右中图）

25、Veronica Etro（维罗尼卡·艾巧）

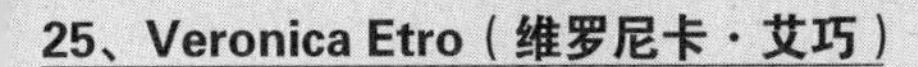

无领中袖外套配具20世纪60年代风格的折裥迷你小A短裙，设计师以独具东方特点的平面剪裁、无腰身的线条、宽下摆等细节处理，使服装充满异域风情的浪漫气息，同时宽松舒适款型兼具可穿性。在色彩上，节奏感选用比较简单明了的色彩，白色、深灰，还有延续了未来感的金属色，营造了活力与朝气，颇具和流行性，设计师运用繁简、深浅、纯度等对比手法使上下、内外之间形成节奏感。配上paisley图案使整款充满华贵古韵而又不乏现代气息。（右下图）

黑色农夫风格的深色夹克剪裁修身合体，里面配以玫红色插肩袖上衣，袖身略肥。下身的短裙剪裁随意，裙面的刺绣装饰持续了Etro永远不会忽略的民族风情，精湛的绣花工艺体现了Etro的高贵品质，与腰带的狗牙装饰一并流露出浓郁的波希米亚风情。在色彩上，大片的玫红色与点缀的嫩绿色两种纯度高色彩相互冲撞，但被腰带和袖口的黑色包边巧妙调和，同时点缀领口的多彩缀饰与肃穆灰调混搭出一股纯朴乡村气息却又时尚并属于Etro的风格。（左下图）

本章小结

意大利时装越来越具有赶超法国时装的势头，这得益于意大利时装设计师的创意理念，同时伴随着较强的可穿性和时尚感。本章从米兰时装周选取的设计师充分展示了意大利时装的设计水准，其设计作品没有巴黎和伦敦的设计师所推崇的设计观念和搞怪意识，但意大利设计师的设计作品不乏风格和细节上的独创,同时他们也有具有极强的品牌意识,在风格和细节上维护品牌的“设计内核”，而这正是意大利设计的独到之处。

思考与练习

1、分析米兰设计师的设计风格和特点，试以具体设计师作品作说明。
2、分析意大利时装与法国时装在设计风格和设计手法上的异同点。
3、分析 Dolce & Gabbana 品牌的设计特点和内在风格。
4、分析 Moschino 品牌的设计特点和内在风格。
5、分析 Jil Sander 品牌的设计特点和内在风格。
6、选取 Bottega Veneta 一款作品进行模仿，体验设计师的设计理念和设计内涵。
7、选取 Dolce & Gabbana 一款作品进行模仿，体验设计师的设计理念和设计内涵。
8、模仿 Raf Simons 的设计风格，在此基础上进行再设计并制作一款服装。
9、模仿 Veronica Etro 的设计风格，在此基础上进行再设计并制作一款服装。

第三章

伦敦时装设计师及作品分析

伦敦设计师向来以活跃的构思和独创的手法而立足。本章介绍伦敦时装设计师，通过分析其作品，可以发现这些设计师在设计风格、设计思路、设计手法和设计特点等方面都与其他各地设计师存在着不同之处。文中排序以设计师或品牌的起始字母作依据。

第一节　伦敦时装设计师概述

一、关于伦敦

18 世纪末期的工业革命大大推动了英国的经济，同时，也使得伦敦的纺织业和时尚业迅速发展。英国雄厚的经济实力是促使伦敦成为国际时尚中心的物质基础。众所皆知，伦敦是时尚之都之一，是时尚的枢纽，前卫就是它的代言词，其顶级时装院校圣・马丁艺术学院和伦敦时装学院每年为时装界培养了大量的创意人才，由此确立了伦敦世界时装设计中心的地位。1993 年开设的 New Generation 赞助项目是英国支持新血液的重要举动之一，曾经接受 New Generation 赞助的新锐设计师包括响当当的 Alexander McQueen（亚历山大·麦奎因）、Christopher Kane（克里斯多夫·凯恩）、Matthew Williamson（马修·威廉姆森）、Julien MacDonald（朱利安·麦克唐纳）和 Sophia Kokosalaki（索菲娅・可可萨拉奇），他们都是从伦敦的舞台走上世界舞台的。

在 20 世纪 60 年代发生的“摇摆伦敦”(swing of London)，使伦敦成为 20 世纪 60 年代当之无愧的时尚之都，1962 年开始走红的流行乐主宰者甲壳虫乐队和滚石乐队使伦敦成为流行中心。1965 年伦敦年轻设计师玛丽・匡特（Mary Quant）创造了全新裙装——迷你裙，轰动时尚界。这里有奇异服饰和 Carnaby 街，曾是朋克、迷你等众多街头前卫运动的发源地，这条街汇聚了年轻时尚人士的新奇、古怪、另类、诡异思潮。由于众多艺术人才汇集，最前沿的艺术思想和最先锋的设计与艺术形式往往先在伦敦发生，这是伦敦成为世界时装之都和创意产业发源地的重要原因。

活跃的文化氛围、极端的时尚思潮孕育着伦敦时装的独特魅力，在每一季的伦敦时尚周上，我们可以看见浪漫丰富的色彩，夸张震撼的造型，又或是迷离幻想的图案。活色生香的伦敦时尚，经典、前卫、保守、大胆、成熟、青涩……伦敦设计师似乎有取之不尽的奇思妙想。在台上，每个设计师都演绎着属于自己的想象空间，虽然看上去有些混乱和难以捉摸，可其中的创意与新奇往往引来啧啧称赞。伦敦的 T 台向年轻的一代提供了从象牙塔走向国际舞台的机会，虽然实验性很浓厚，但有的时候设计师的花招百出和多元素融合的诡异设计也常让人摸不着头绪。伦敦是一个炫耀个性的都市。英国的一位时尚中人总结说，巴黎、米兰的美人是精心粉饰、优雅完美的，而伦敦则充斥着街头化、不加润饰、纷杂的风格。

孜孜不倦的伦敦设计师们给英国时装带来了生气和激情，也将这股热情传递至巴黎、米兰和纽约，不断有来自伦敦的新晋设计师出任各地的品牌设计总监。虽然有品牌回归伦敦发布，如 Burberry Prorsum，但一些崛起的年轻设计师品牌成名后还是陆续出走伦敦，转赴其他时装周，如转战巴黎的 Gareth Pugh，这使伦敦作为时尚中心的地位未免有些衰落。然而无论如何，在每季那些充满生命力与艺术化的作品面前，我们仍然可以看到伦敦作为一个走在时尚前沿的都市所散发出的咄咄逼人的气势。

二、伦敦时装设计师的设计风格

1. 伦敦的经典品牌设计师

时尚界总是需要振奋人心的火花，传统经典与现代创意的碰撞融合便是伦敦时装独特的景致。设计师在人们熟悉衷爱的传统英伦元素中，不断加入新颖的创意和奇巧灵动的心思，以吸引更多时尚人的目光。Aquascutum（雅格狮丹）、Paul Smith（保罗·史密斯）把带着英国气息的怀旧时光雕刻在现代的设计中，让人们用新的时尚态度去感受经典的隽永之美。

英国经典品牌 Aquascutum 历经设计师 Michael Herz（迈克尔·赫茨）与 Graeme Fiddler（格雷姆·菲得勒）的努力，品牌已成功地摆脱了传统的影响，而今毕业于圣马丁艺术学院的主设计师 Joanna Sykes（乔安娜·塞克斯）让这个品位内敛的经典品牌在保留原有内涵基础上，不乏具现代感的硬朗和时髦；同样，在英国时装坛地位举足轻重的 Paul Smith 也在 2008 年春夏发布会上改变了原本有些沉闷的造型，将创意运用在色彩和剪裁上，他在流行元素的把玩与融合上也是打破成规，令人耳目一新，Paul Smith 成功蜕变。原本在米兰作秀的 Burberry，在只有三十多岁的 Christopher Bailey（克里斯托弗·贝利）的带领下，席卷起一股风靡一时的时尚浪潮，他在 Burberry 的设计理念中创造了“新性感”这一独特的设计理念，把华丽、清新等各种互不相干的元素完美融合。

2. 伦敦的创意设计师

伦敦是最好的孕育惊喜的土壤。每一季的伦敦时装周总能吸引一些挑剔和审视的眼光，期待火光乍现的那一刻，抓住时尚的新生力量。年轻的新锐设计师们以创新精神给我们带来了色彩和设计感同样饱满的服装，虽然设计作品有些诙谐和另类，但是此刻服装似乎已经超出了原本的意义，更深刻的透露出一股能够感染人的力量。

有伦敦范思哲之称的 Julien Macdonald(朱利安·麦克唐纳德)，将自己的品牌风格界定在表现艳丽、古典、成熟、的女性魅力上，他的性感之作常给人们带去新的惊喜；已远赴纽约发展的 Preen（普瑞恩）品牌的设计师 Thea Bregazzi（西亚·布瑞盖兹）和 Justin Thornton（贾斯汀·桑顿），擅长用结构性的创意，在夸张混乱的英国设计界表现的异常出色，让人不得不惊呼英伦设计师的不同凡响；才华横溢的 Christopher Kane（克里斯托弗·凯恩）和 Giles Deacon（贾尔斯·迪肯）都以天马行空、难以捉摸的设计著称，备受时尚界关注。

3. 伦敦的极端主义设计师

在那些新锐设计师之中，不乏一些极端主义者，他们的设计充斥着些许古灵精怪的味道，甚至有些不伦不类。走极端像是一种另辟蹊径的设计方法，它可能是反流行的，但当我们透过衣服的形式去观察设计师本身的时候，我们感受到的是这群年轻人对未来的美好憧憬与新鲜感与无法抑制的设计热情。我们不可否认，这些极端的设计师为伦敦的时尚天空增添了一抹令人惊喜的色彩。

Gareth Pugh（格雷斯·皮尤）总是以超级前卫的设计理念而惊艳四方，街头文化、结构主义、未来主义错综交杂，强烈的视觉冲击力似乎是舞台所不能控制；高挑而纤瘦的塞尔维亚人 Roksanda Ilincic（洛克桑达·伊利西克）也是一个偏爱极端元素的人，一旦她采用了绒球或者塔夫绸蝴蝶结，就会将它们做成特大号的，荷叶边和薄纱在她手中，也会变成爆炸般的效果，让人见识到了她在服装上的能力。

第二节 伦敦时装设计师档案

一、Alexander McQueen（亚历山大·麦奎因）

1. 设计师背景

Alexander McQueen 于 1969 年 3 月 17 日出生于英国伦敦东部一个出租司机家庭，在上男子学校时，常找一本《20 世纪服装辞典》阅读，一有空就画女性着装时装画。16 岁那年跟随 Savile Row（萨维尔街）的威尔士亲王的御用裁剪师 Anderson（安德森）和 Shepard（谢帕德）学艺，之后进入了伦敦圣·马丁艺术学院攻读时装设计硕士课程，掌握了时装设计手法和一流正统裁缝技术。1992 年的毕业设计赢得了著名时尚评论家 Isabella Blow（伊莎贝拉·布洛）的赏识，她买下了 McQueen 的全部作品。1995 年春夏首次推出以"高地风格"为主题个人品牌发布会，款式包括时髦的裤装、怪异的套装。1996 年荣获"英国年度最佳设计师"的称号，同年，继 John Galliano 之后成为 Givenchy 的首席设计师，也奠定了英国设计师在世界时装之都的地位。2006 年推出副牌 McQ。2010 年 2 月 11 日，就在伦敦时装周开幕当天，McQueen 在家中上吊自杀。

2. 设计风格综述

Alexander McQueen 是伦敦时装界出名的"坏小子"，擅长破坏和否定已有设计定律，他以独特的才华天赋设计无数惊世骇俗的时装，将魔幻与现实、保守与放荡、传统与禁忌融合在一起。他把宗教、性爱、死亡、疯人院、动物的头角面具、植物标本等搬上 T 台，甚至将秀场别出心裁地放在喷水池中，或将舞台布置下着鹅毛大雪，或向模特喷洒五颜六色，他将此与参加摇滚音乐会的喧嚣、刺激相提并论。McQueen 的这些奇思妙想为整个服装界带来了新思维和新局面。

纵观 McQueen 的设计，你总能感受到他的作品充满着戏剧性，他的 Givenchy 首演秀，设计了镀金的盔甲、装饰上翅膀的丘比特爱神箭、穿着紧身衣的斗剑者形象。McQueen 总能把朋克风格的设计和不可思议的创意表现得淋漓尽致，如他曾推出一款看得见臀股沟的低腰裤，引得世界范围的流行。McQueen 的设计充满着性感又诲暗，似乎是刻意对过分精致、华丽的高级订制服宣战，Alexander McQueen 那完全叛逆无礼的玩世不恭的态度，着实在时装界掀起了波澜，也让服装界的卫道人士瞠目结舌。

McQueen 那份天马行空的想象力来源于自小深受的街头文化影响，他以一颗唯美的心态在街头捕捉灵感。所以在他的设计中常有街头文化的影子，如朋克的穿着方式。此外其创作概念也来自从 Savile Row 所学得的正统裁缝技术，这是能展现 McQueen 奇特造型和想象力的基础。

二、Antonio Berardi（安东尼奥·贝拉尔迪）

1. 设计师背景

Antonio Berardi 于 1968 年出生于英国的 Grantham(格兰萨姆)，这位有着西西里血统的年轻设计师，双亲都是意大利人。9 岁的时候，他就开始存下所有的零花钱去购买饰有皮革过肩的 Armani 衬衫。1990 年开始在伦敦圣·马丁艺术学院进修，上学期间，兼任 John Galliano 的助手。他在 1994 年举办的毕业时装秀立即赢得了许多关注的目光，像一道耀眼的流星闪亮地划过时装的天空，伦敦的服饰名店 Liberty 和 A La Mode 相继购买下了他所有的毕业设计作品。接下来的一季，他便推出了个人首场时装秀，Kylie Minogue(凯莉·米洛)担任这场秀的嘉宾模特，帽子设计名师 Philip Treacy（菲利普·特雷西）和鞋履设计名师 Manolo Blahnik(莫罗·伯拉尼克)则为这场时装秀设计了全部配饰。在一片肯定声中，他赢得了米兰和巴黎两地许多买手和设计工作室的青睐。他的第四个系列，1997 年秋冬季那个系列，为 Antonio Berardi 赢来了一个强有力的来自意大利方面的资金后援。从 1999 年开始，Antonio Berardi 将个人时装发布的秀台从伦敦搬去了米兰。并且还同时兼任 Exte(艾思特)的创意总监。在经历推出首场个人时装发布会后的十二载春秋之后，他可以骄傲地将自己列为他那一代人中罕有的完全独立的设计师之一。2002 年，Berardi 推出他的个人品牌，并在米兰首演，后又推出二线品牌——2die4，都有不少拥戴者。

2. 设计风格综述

Antonio Berardi 的作品是欧洲风格的代表，具备意大利米兰的魅力与英国伦敦的摇滚风貌，同时又刻着法国巴黎的印章。他的作品风格跨度极广，有出席女皇晚宴的贵妇装，也有高街流行的嬉皮装。虽然时常有评论批评他的创意有模仿 John Galliano 之嫌，但 Antonio Berardi 从不以此为意，他甚至以此为荣。

Berardi 是一个登山和冲浪的爱好者，他同时他信守天主教，这也许正是导致他酷爱装饰理由所在。他曾设计过一件大衣，用众多小的闪亮的灯泡做成十字架造型作为装饰，惊艳无比。裁剪精良的皮革裤套装搭配透薄的性感雪纺连衣裙，通常还修饰着水晶、拼贴图案和手绘花朵图案，这是 Antonio Berardi 的招牌设计之一。他极尽全力表现女性的魅力，性感的裁制、轻飘的雪纺，都是他的最爱。他有一件杰作全部由蕾丝缎带扎成，没有一根缝线，花了 14 个工艺师三个月的时间完成，模特需要 45 分钟才能穿上，这件精美绝伦的服装正展现了 Berardi 追求魅力不遗余力的设计宗旨。在他的设计中，经常能够看到既严谨，又放松的服装结构，他的时装秀富有戏剧性的张力，他个人的个性在设计中完全表露了出来。Berardi 擅长吸收各种文化用在设计中，他曾经用折纸的原理来做美国的运动装，他选用的材料是日本的织物，比如褶纸和尼龙，他运用那些折叠和包装的材料，和一如既往的水泥灰色系，设计出一件又一件运动装：有截短的防风外衣、拉高的军用外衣，还有类似于斗篷一样背部整裁的皮大衣，Berardi 对大家说，这是标准的 T 台材料。这种新鲜材料的运用效果经常会带给设计师们很多振奋的感觉，他经常会尝试很多新鲜的事物，经常会在不同城市里生活，Berardi 认为，在不同城市中生活会给自己带来不同的新鲜感，而这种新鲜感，正是他设计时所需要的。

三、Boudicca（布迪卡）

1. 设计师背景

Boudicca 是由 Zowie Broach（宙威·布罗奇）和 Brian Kirkby（布赖恩·基比）创立的一个英国品牌，这个名字取自于英国历史上的女皇 Iceni Boudicca（爱西尼·布迪卡），她曾率领民众反抗当时罗马帝国在英国的统治。这个独特的名字预示着品牌的风格：充满叛逆与不羁、从不墨守成规、大胆前卫且有很强的实验性，这对设计组合也被称为时装界的革命者。Boudicca 的时装总是充满神秘的气息，暗藏着许多惊喜和玄机，在其中你还可以发觉存在主义的象征意义，甚至政治层面的严肃心情。Boudicca 的设计正式、庄严又精致，精准的裁剪、黑白色的组合、令人惊叹的优雅，是 Boudicca 成为女性最爱的法宝。

Brian Kirkby 在曼彻斯特长大，最初是想成为一名机械师，后来到伦敦皇家学院学习时装设计，这所注重结构工艺的时装院校给 Kirkby 扎实的服装裁剪能力，他于 1994 年毕业。Zowie Broach 在西部的海滨小镇长大，在 Middlesex 理工学院学习，于 1989 年毕业，曾从事设计师和音像导演工作。1996 年海边的一次相遇促成了他们的合作。1997 年两人创立了品牌 Boudicca，首场发布是伦敦的 1998 春夏秀。2005 年，他们第一次联手到纽约参加 2005 秋冬女装展。其实，Boudicca 存在着市场与设计两难兼顾的窘境，在美国，唯一会下订单的只有 Barneys（芭尼斯）时装店，在英国也只有 Yasmin Cho 小精品店会带进他们的服饰，却很可惜地，Yasmin Cho 在最近也关门收市。虽然这样的不景气影响着些许以设计取胜的品牌，但是 Zowie Broach 和 Brian Kirkby，决定坚持着自己的理念，继续设计探索。

2. 设计风格综述

Boudicca 的作品有令人激赏的剪裁与缝制，无人能比的技术，设计师让柔软的布料成为一块块仿若平面的纸张，天马行空的构思让人惊艳！ Boudicca 和 McQueen 一样，对于结构和细部的处理相当考究，丝毫不马虎，诸如缎料的特殊剪裁与缀饰结带的搭配这样小细节，都处理都十分完美。当然 Boudicca 不是模仿者，它以其异常精准的剪裁手法加上立体的几何原理，雕塑出硬挺的皱折、紧紧包裹着臀部的迷人曲线和充满女人味的性感飘逸荷叶边。Boudicca 是少数相信某些时候，看见设计迷人的服装时，会令人异常雀跃的牌设计师之一；同样 Boudicca 也相当重视整体秀的视觉效果：强烈且达到让人出其不意的地步是他所冀望的！在 Boudicca2005 年春夏时装展中，弥漫着诡谲气息，在袅袅烟雾中，整场秀以黑与暗做背景与主角，模特儿们踩着忧郁的步伐，步履在微暗的灯光舞台下，随着聚光灯一步步地前进，那种沉郁的气氛使每个人屏气凝神，全场系列几乎全部以黑色为主打，不论是简约浪漫长及脚踝的黑纱裙、还是利落有型的搭配著有穗军章的黑色皮衣，以及系上黑色皮革腰带，充满光泽感的特殊布料黑色短夹克，都表现出充满爆发力的设计风格！总而言之，Boudicca 时装展就算是一片极简调的黑色主义，也暗藏许多令人惊艳的玄机！

四、Christopher Bailey（克里斯多夫·贝里）

1. 设计师背景

Bailey 的父亲是木匠，母亲是著名百货公司 Marks & Spencer 的展示经理，这个制作艺术与商业艺术结合的双亲搭配，对幼年的贝里产生过相当大的影响。职业生涯方面，Bailey 一直较为顺利，1994 年在英国皇家艺术学院修完硕士课程，1994–1996 年成为 Donna Karan 的女装设计师，后来受到 Tom Ford 的邀请加入 Gucci，再后来就成为 Burberry 的新掌门。

Burberry 太家喻户晓了，这个拥有近二百年历史的国际品牌，一直以英式华丽风为主要特点。要传承品牌的隽永魅力，又要注入全新的设计风格，焕发老品牌的新活力，这无疑是一个很大的挑战。2002 年春夏时装展上，出身于英格兰西部的 Christopher Bailey 首次操刀 Burberry 品牌，不仅将这个英国经典老牌改头换面，更让 Burberry Prorsum 每季都维持好评不断。

2. 设计风格综述

Christopher Bailey 在 Burberry 的经典风格框架下，不断开创新局，“军装，格纹，风衣”，三大经典元素都被他重新诠释得很精彩，他的设计兼有先锋派、性感和朋克味。他最厉害的地方莫过于每季都能玩出新东西来，都能够让人有惊艳的感觉！

Bailey 的设计英国得很唯美，性感得很时尚；更有人说，是他创造了“新性感”这一独特的设计理念，他把华丽、贵族、清新等各种互不相干的元素完美融合。Bailey 对于女性的美有了深刻的研究和了解，形成了一套融合了经典与流行的审美哲学。在创作理念上，Bailey 具有东方特点的“均衡”，格外尊重传统，Christopher Bailey 对 Burberry 的深刻解读使他游刃有余，Bailey 看来，Burberry 获得成功的地方在于坚持了英国传统，而格子仅仅是这种传统的一个符号，真正的传统应当是存在于生活之中的。在诸多的设计中，Bailey 巧妙化解 Burberry 百年以来对古典的坚守造成的自身创新障碍，保留了有历史感的 Burberry 的格子，将英式生活元素设计在服装上，温和地改变着 Burberry 的形象。

五、Christopher Kane（克里斯多夫·凯恩）

1. 设计师背景

Christopher Kane 于 1982 年出生于苏格兰的格拉斯哥，9 岁时就对时装设计产生浓厚的兴趣。17 岁那年 Kane 赴伦敦在著名的圣·马丁艺术设计学院求学，系统学习时装设计。Christopher Kane 曾获得 New Generation 赞助项目。在圣·马丁学习期间，2005 年 Kane 获得了兰寇色彩大奖，被 Donatella Versace 看中，聘为创意设计，并资助了他的毕业展。次年硕士毕业秀因出色设计而获 Harrods（哈洛德）资助并在其商店展示。2006 年 4 月荣获苏格兰年度年轻设计师奖。Kane 是一个才华横溢的艺术派设计师，在商业上也有自己的发展规划，他推崇 John Galliano、McQueen 的设计和成功经营轨迹，欣赏 Giles Deacon（贾尔斯·迪肯）的工作条理性，对 Julien MacDonald 的明星路线战术并不苟同。从目前态势来看，作为伦敦的新锐设计师，Christopher Kane 可以说是相当成功的，是一位华彩熠熠的天才新人。

2. 设计风格综述

Kane 的作品改变了英国新锐设计师偏创意轻实穿的这种传统，他注重设计美好的东西，色彩鲜艳，装饰华丽，表现出女性的娇美，他的设计可以被概括为“能穿出街的伦敦先锋派设计”。如 2011 年秋冬作品中，Christopher Kane 尝试了透明而不透水的 PVC 材质作领、胸等处的装饰，2012 年春夏系列中裙装则由 Lurex 纱线和浮花锦缎制成。

Kane 的设计结合了伦敦年轻人的时尚趣味及女性的曲线美感。2007 年春夏的首次秀上，他推出了带有 20 世纪 90 年代早期风格的设计，服装超短，紧贴身体，色彩艳丽。其中一款霓虹色调超短绑带式裙装深受时尚评论赞誉，Kane 说：“对于我首场秀，我只想尽可能表现女性的欢愉”。事实上，Kane 的作品带有已去世的 Ginni Versace 的影子，因为小时候 Kane 就深受大师作品的启发。

六、Gareth Pugh（格雷斯·皮尤）

1. 设计师背景

被誉为“设计鬼才”的 Gareth Pugh 在 2007 和 2008 两年的作品中展现出技惊四座的才华，成为英国时装界风头最劲的设计师。

瘦小的 Gareth Pugh 脑袋里装着许多怪点子。他在 14 岁就开始为英国国家青年剧院做服装设计师的经历，同时热衷于伦敦极至的酒吧文化，不平凡的经历和明锐的时尚嗅觉使他具备了设计大师的潜质。Gareth Pugh 毕业于著名的圣·马丁艺术设计学院，毕业设计“可创造的膨胀物”特别注重模特的关节和四肢等连接部位的设计，这成为他日后的设计风格表现之一。毕业后曾在 Rick Owens 公司任设计助理。2004 年获邀参加英国现实时装秀活动，展示其先锋概念设计。2005 年参加秋冬时装展览，在只有四个星期的准备时间、没有工作室、没有助手、资金不多的情况下完成设计，并赢得了好评。2006年与巴黎高级时装顾问 Michelle Lamy（米歇尔·拉美）合作成立 Gareth Pugh 品牌，并在伦敦秋冬时装节展出首个个人展，源自于特殊制作工艺的轮状领、充气结构等荒谬外形和可穿着的雕塑表现出设计师异化传统的设计理念，将观者带进了充满矛盾和对立的世界中，作品深得各界人士和英国版《Vogue》的赞美。随着事业的发展，Gareth Pugh 已不满足于在伦敦的现状，目前已移师巴黎发布新品。

2. 设计风格综述

Gareth Pugh 拥有超级哥特灵魂，总是以超级前卫的设计理念，黑暗为主的色调，结合现代装置艺术的理念，以阴暗美学惊艳四方，强烈的视觉冲击力使发布会的参与者常常忘记了这是在一个成衣发布会上的秀。在2007年春夏的伦敦发布会曾被他打造成一个巨大的电子游戏，模特戴着面具和头盔，系带缠绕着全身。而2008春夏秀场上放置了一个大气球，伴随着爆炸声而结束表演，这是 Gareth Pugh 与装置艺术家 Simon Costin（西蒙·柯斯汀）合作的结果。2011年秋冬系列延续了2010年阴暗哥特式表达，Gareth Pugh 推出了“星战”主题，脱离现实巨大铠甲式廓形、前卫利落裁剪、橡塑材质运用、扭曲变形的黑白格纹，以及金色和蓝色贴片具未来感的眼妆，体现设计师所擅长的以哥特为中心的前卫意识。

七、Giles Deacon（贾尔斯·迪肯）

1. 设计师背景

英国时装界金童子 Giles Deacon 虽未必人人熟悉，但作为伦敦时装周上最重要的一场秀之一，Giles 的秀没有让人失望，他渐渐在英国及欧洲攒足了名气，成为伦敦最当红的设计师之一，也是继 Galliano、McQueen 等之后新一代的设计师

1969年 Giles 生于约克郡，1992年毕业于圣·马丁，1997-1998年在法国的 Castelbajac（卡斯提尔巴扎克）设计室处工作了两年，之后在 Hussein Chalayan（侯赛因·夏拉扬）、Bottega Veneta、Gucci 等名牌工作室打工，并担任过 Bottega Veneta 的首席设计师。2004年34岁的 Deacon 发表了自己的第一个时装系列，同年获得英国最佳设计新锐奖。2006年获得了英国年度设计师大奖，并成为 Dak' s 品牌的主设计师，他摒弃了曾经是 Dak' s 风格的宽松感，转向修身剪裁和粗线编织（Giles 的设计经典），并汲取了相当的男装灵感，将 Dak' s 品牌打造成颇具都市时尚的年轻风格。2007年 Giles Deacon 开始负责设计 Dak' s Luxury 的高级女装系列。

2. 设计风格综述

Giles 的设计充满了十足的古怪趣味，使穿着者有置身魅惑精灵之都的感觉，如2004年秋冬设计的宽大垫肩西服式大翻领夹克、挺直的长裙长裤、带蝴蝶结的连身束腰长裙、开什米尔毛背心和打褶的丝质裙装等，却配以独特形状的鹿角甲虫皮革配件、带齿印仿佛蛙类动物图案的腰带、裙边一角的黑色昆虫装饰等。2005年春夏的服饰则把他灵异鬼魅且骇人的想象力发挥到了极致：大量纯白配以带有原始意味的大地黄色、、稻草一般的裙边流苏、伦敦海德公园里蜥蜴的图案、衣服上迷幻的各种爬虫生物印花就像是在彰显某种图腾，神秘又让人害怕。Giles 图案想象力和大胆且精妙剪裁，带给人新奇感受和全新概念。

Giles 的作品注重细节，他的设计中有纯手工的服装、美丽的印花、刺绣、在皮革洋装上缝缀金属环、超粗针的编织毛衣、自然元素的搭配（如羽毛的头饰等）……无论是带给人们的惊人的秀场效果还是实穿性方面，都创造了双赢的局面。然而 Giles 的才华远不止此，如同他那天马行空

般的款式，Giles 的秀场设计也是与众不同，其装饰花费了不少，不过随后而来的好评以及正面回应，都让这一切有了回报。

八、Julien MaCdonald（朱利安·麦克唐纳）

1. 设计师背景

Julien MaCdonald 于 1972 年 3 月生于英国威尔士的 Merthyr Tydfil（梅瑟蒂德菲尔），小时候从母亲那学到了编织技术，13 岁 Julien 曾为自己的高中校服进行重新设计。最初 Julien 接受的是踢踏舞训练，后在布莱顿的一所学校接受了纺织时装课程教育，1996 年毕业于英国皇家艺术学院，获针织方向的硕士学位，毕业作品获高度评价，Lagerfeld 邀请其为 Chanel 公司设计针织产品。毕业后建立了自己的品牌公司，并于 2000 年在伦敦首次发布作品，同年 28 岁的 Julien 接替 McQueen，被任命为 Givenchy 时装屋的主设计师。2001 年获得英国年度设计大奖，2006 年由于对时装业的贡献而荣获 OBE（英帝国勋章）。

2. 设计风格综述

Julien MaCdonald 的设计风格狂野、奢华、性感，款式上常表现出令人诧异的紧身裸露与花俏，裁剪上追求夸张的女性线条，爱好耀眼明亮的色彩，Julien 的设计具有一种难以抗拒的吸引力，这是真正的 Made In London。

Julien MaCdonald 的服装极具艺术的美感，奢华的气息、璀璨的珠宝、华丽的金属色与他惯用的针织相结合……Julien 每季设计都流露出紧身裸露风貌，追求夸张的人体曲线，由于和 Versace 一样追求艳丽和性感，因此有英国的 Versace 之称。Julien 曾在威尔士的 Cardiff（加的夫）受过面料设计的教育，所以对面料独具品位，Julien 特别偏爱闪光面料及亮丽的皮草，如 2002 年秋冬设计中大量运用野性的美洲豹斑纹，视觉豪野至极。在 2006 年秋冬系列中，他以好莱坞和英伦为主题，所设计的合身性感、鱼尾造型的礼服和拖地晚装配上毛皮，将他独特的皮草理念发挥的淋漓尽致。彩格呢也是 Julien 常用面料，他以极具想象力和对面料设计的理解力，设计的洋装、套装或是窄板及膝裙等向我们展示了经典格纹的性感魅力。

九、Matthew Williamson（马修·威廉姆森）

1. 与设计师相关的品牌背景

在林林总总的品牌中意大利的 Emilio Pucci 是极具特点的，它将波普艺术在服装上淋漓尽致地运用，波普艺术气味的印花图纹与柔软轻飘的丝料质材交织融合，加之鲜艳欲滴的明亮色彩，营造出极为摩登气息的现代时髦气韵，成为所有潮流女子必备的装扮。

Emilio Pucci 于 1914 年出生于意大利的佛罗伦萨贵族世家，在运动方面表现杰出，曾经是意大利奥林匹克滑雪队的成员之一，个性大胆勇于挑战，在第二次世界大战时，更服役于空军。在同时拥有贵族血统、运动家、飞行军官等多重身份的相互影响下，Emilio Pucci 成为当时的战时英雄，迅速为他赢得声誉地位，在上流体系社会中叱咤一时。大战结束后，Emilio Pucci 前往美国就读西雅图大学，继续醉心于滑雪运动，但对于市面上贩售的滑雪服装不甚满意，因此干脆为自己与身旁好友操刀设计了独一无二的滑雪服，引起时尚传媒的关注，从此，Pucci 便开始展开他的时尚事业。1951 年，Pucci 正式成立他的时装公司，并将事业版图向外延伸，在罗马、Montecatini 等地皆陆续成立形象店，产品更在美国最大的百货公司内出售。另一方面，亦将他诠释时尚的概念延展至居家用品上，如地毯、瓷器、浴袍、香氛信纸等，由于对时尚业的贡献，1954 年 Pucci 被授予 Neiman Marcus 奖项。在随后的 30 多年中，Emilio Pucci 逐渐确立了“印花王子”的美誉。

Emilio Pucci 独一无二的品牌特色是鲜亮的色彩和几何图案，作品充分体现女性的性感、柔美及欢快，营造一种极为年轻却又充满时尚感的形象，带有 20 世纪 60 年代的波普烙印，然而在当今的纷纷繁繁的时装世界中 Emilio Pucci 显得孤傲和与众不同。巧的是，有这样一位设计师在设计中也追求万花筒式配色和奇趣的图形，他就是年轻的英国新锐设计师 Matthew Williamson。

2. 设计师背景

Matthew Williamson 于 1971 年出生于英国曼城的 Chorlton，1994 年毕业于圣·马丁学院，两年后建立了自己的同名品牌。1997 年的首场秀取名“惊人的天使”，斜裁裙装配色丰富，带有一丝波希米亚风格。Williamson 的色彩已成为品牌的标志，在作品中常出现鲜艳品红、荧光黄和酸绿，他还擅长运用精致的刺绣和珠片装饰服装。当 2005 年 10 月 Pucci 公司欲寻找新掌门人替代 Lacroix 时，对色彩与印花娴熟的 Williamson 自然成为品牌的艺术总监。

3. 设计风格综述

原本风格单一、缺乏激情的 Pucci 品牌在 Williamson 的操刀下，渐渐透出年轻化、多元化的倾向，Williamson 在 Pucci 品牌设计中加入了他的个人时尚语汇，使 Pucci 不仅仅停留在 20 世纪 60 年代风格的色彩迷幻印花裙和土耳其风格长衫，20 世纪八九十年代风格的新女性形象均有呈现。

十、Michael Herz & Graeme Fiddler（迈克尔·赫茨 & 格雷姆·菲得勒）

1. 与设计师相关的品牌背景

Aquascutum 一词来自拉丁文，是英国传统风格的代名词，意思是“防水”，有 150 多年历史的 Aquascutum 便是以防水风衣起家的。这个拥有 150 年悠久历史的英国品牌，第一家店设立于 1851 年，在开店短短一月内，便成为当时伦敦最时尚、名声最响亮的服装店，这一切都源于 Aquascutum 独家设计的面料。特别的面料和特别的名字曾经令众多时尚追随者趋之若鹜，成为一时风尚，非常时髦的防雨外套令很多人在天晴的时候也愿意穿着。Aquascutum 的发展过程，正好处于战事频发的年代。1854 年，当英国迎战俄罗斯时，以 Aquascutum 独家布料制成的大衣，成为英军对抗俄罗斯恶劣天候的重要装备。传说由于大衣本身是晦暗的灰色，还帮助一队英军士兵从俄军阵地逃生。Aquascutum 的名字由此从时尚舞台走向战场，在两次世界大战里，它都扮演了重要的角色。战后，Aquascutum 附有肩章与黄铜扣腰的军装，渐渐成为当时电影明星的新宠，束腰、半立领的造型引领时尚。进入 20 世纪后，当欧洲妇女开始抛弃帽子和曳地长裙、改穿具有运动风格的短款套装时，原本只生产男装的 Aquascutum 也顺应潮流，于 1909 年推出了第一个女装系列。如今 Aquascutum 品牌已延伸至男女服装和饰品系列，男装代表着英式浓浓的绅士风范，而女装则兼有淑女意蕴。

Aquascutum 以风衣和格纹为品牌的标志，其格纹通常是由褐色、蓝色、白色组成的细格。20 世纪 90 年代末时装业的一轮洗牌中，代表英国传统服装风格的 Aquascutum 不言而喻受到众多新的时尚先锋的围剿，虽然这场斗争中，同样走年轻化的 Aquascutum 没有 Burberry 那么幸运，迅速窜升，但经过新的品牌所有者不懈的努力，Aquascutum 终于“守得云开见月明”，迎来了发展的新一页。

2. 设计师背景

负责女装设计的 Michael Herz 从皇家艺术学院毕业后，曾在国外工作了一年，这段时间，他与 Marc Jacobs 一起在 Iceberg 工作，后来又与 Alber Elbaz 一起在 Guy Laroche 搞设计，Michael 担任 Guy Laroche 品牌部分产品的主设计。负责男装设计的 Graeme Fidler 于 2000 年毕业于英国北部的 Northumbria（诺桑伯兰）设计学校，曾在纽约呆过一段时间，考查 Palph Lauren 公司 RLX 系列的运作。2005 年开始，两位设计师携手为 Aquascutum 设计。

3. 设计风格综述

对时尚老牌而言，如何在新时代中继续引领潮流，恐怕是许多经典品牌所面临的问题，不过对 Michael Herz 与 Graeme Fidler 所领导的 Aquascutum 而言，似乎已经找出最佳解决之道！Michael Herz 与 Graeme Fidler 延续品牌一贯的优雅、精细剪裁，添加了更多的变化元素，波普、军装风、印花被运用到各季的设计中。他们找到了公司的设计精髓，将丰富的色彩融合到品牌的军装风、20 世纪 80 年代英国仕女外套中，又将品牌向来擅长制作风衣的技术运用在女装之中。柔软的线条、水洗感觉的布料、特殊剪裁的风衣、起绉经过曝晒质感的褪色布料、带有印度风格的织品等，都成为品牌新的形象。

十一、Paul Smith（保罗·史密斯）

1. 设计师背景

Paul Smith 于 1946 年 7 月 5 日生于诺丁汉的 Beeston，父亲是一名裁缝。1964 年，即 Paul18 岁那年，他误打误撞成为一家服装批发店的雇员，让他有机会接触服装及潮流信息，之后做过买手。1970 年，他开了一家小店，独家代理高田贤三的最新设计作品。1977 年羽翼丰满的 Paul Smith 在巴黎举办了首场秀，设计是清一色的男装，引起轰动，从此奠定其在世界时装界的地位。1992 年，他荣获了英国设计师协会年度提名奖。2001 年被英国女皇封为爵士称号。

2. 设计风格综述

Paul Smith 可以被认为是经典英国风格的代表。Paul Smith 的服装剪裁精到细腻，多选用上乘高档面料，完全符合绅士的派头和庄重。Paul Smith 的设计整体感强，但在细节上掩藏着许多值得玩味的元素，诸如把袖窿开得低一点，更方便于穿着。他的英式细节趣味十足，典型的英式幽默——表面是绅士却偷着把“耍坏”巧妙地表达出来，如给穿得正儿八经的男模手里加个泰迪熊，在袖克夫或钱包内绣上一个裸女……他总能带给人们惊喜。

Paul Smith 从男装起家，其男装堪称经典，其风格真正体现出英式绅士贵族风范与秀气的文人气质，其中不乏睿智和幽默，并通过简洁、有力的款型线条表现出来。Paul 的西服、衬衫合体简约，体现出精湛的英式古典剪裁手法；他的西装衣料大都采用花呢等毛织物及棉织物，带有英国传统的设计又带有点怪异，既能被保守的都市人亦能被 20 世纪 80 年代的雅皮士接受。Paul Smith 发现顾客对于增加一条花领带或彩色羊毛套衫不是那么紧张敏感了，就将印花或绣花马甲、彩色吊带裤、短袜统统加入到他的男装系列。对于越来越追求个性时尚人士，Paul Smith 的“坏”心思男装正合其心意。

含鲜艳的彩色条纹、流畅的“Paul Smith”手写体标签、一边是 Paul 一边是 Smith 的有趣袖扣、袖口或钱包内的隐匿“裸女”图案，和保留度身手工缝线的西服，再加上领子前端内含领骨的古典英式剪裁西装衬衫，组成了 Paul Smith 最具特色的六大细节。而每一季，Paul Smith 还不断推陈出新，为热爱其设计巧思的人们带来一次又一次惊喜。

十二、Preen（普瑞恩）

1. 设计师背景

Preen by Thomton Bregazzi 是由设计师 Justin Thornton（生于 1969 年）和 Thea Bregazzi（生于 1969 年）共同创立，两人在英国的小岛长大。他俩 18 岁时因修学艺术基础课而相遇结识，之后为自己喜爱的时装设计而重新学习。后 Justin Thornton 成为著名时装设计师 Helen storey（海伦·斯道瑞）的设计助手，直至 1996 年两人协助 Helen storey 设计 1996 年秋冬系列，这次的成功促使两人有了想要创造自己品牌 Preen 的念头。1997 年两人的结晶 Preen by Tornton Bregazzi 品牌正式诞生。早期设计师追求夸张前卫的风格设计，一直以来都颇受非主流时尚人士的青睐。当 Preen 登上伦敦 2003 年春夏时装周的 T 台，出挑、酷炫的设计特征稍微收敛，却赢得了市场的一片叫好声。如今的 Preen 已将品牌重点移至美国纽约。

2. 设计风格综述

作为伦敦的双人设计师品牌之一，他们对于流行一向有很敏锐的触觉，常常以解构创意和精湛的版型技术使品牌 Preen 处于时尚流行风头浪尖，又不失去对街头风格的独到展现。在夸张混乱的英国设计界，Preen 用结构性的创意散发出顶级设计品牌的风范，确实不同凡响！

Preen 的目标消费群从十几岁到三十多岁不等，他们设计跨度从早期英国人形象到 20 世纪 70 年代朋克邋遢装，以独特的结构设计创造出具现代感的维多利亚风格，他们的瘦腿裤、茧形大衣、绑带裙已成为经典产品。20 世纪 90 年代流行的解构风格合乎他们的设计理念，解构风格被他俩冠以“再循环”，这一概念是在 Justin Thornton 作为学生在 Helen Storey 处作设计助理时创造的。Preen 擅长运用老古董材质，如遍布刮痕的皮革、薄纱、光滑棉织品、充满怀旧色彩的饰品和钮扣等，即便如此，Preen 创造出的设计感还是时髦和现代的。

十三、Sophia Kokosalaki（索菲娅·可可萨拉奇）

1. 设计师背景

Sophia Kokosalaki 于 1972 年出生于希腊首都雅典，在雅典大学修读了文学之后 ,1996 年去伦敦著名的圣·马丁艺术学院修习女装设计 , 获得硕士学位。1999 年，她在伦敦创办了自己的个人品牌 , 作品挖掘古希腊文化遗产 , 尤其是悬垂折皱；1999 年和 2000 年曾先后为 Joseph（约瑟夫）和 Ruffo Research 设计针织和皮革产品。2003 年，她又凭借创新的褶皱运动服与复合皮革编织设计闻名英国。2004 年她为雅典奥运会开闭幕式设计表演舞台服装又使她踏上国际舞台，冰岛另类女歌手 Bjork（比约克）就是穿着她设计的舞台装在典礼上演唱的。Sophia Kokosalaki 可以说是近来英国时装周之中，颇具话题与分量的设计师之一，尤其擅于将本身的异国文化背景，运用在设计当中，这不得不归功于她良好的国际化的文化与学习背景。她曾经执掌法国老牌 Vionnet（维奥尼特），这个于 1940 年倒闭的传奇品牌曾以充满精湛的斜裁和悬垂技巧的礼服设计闻名于世，在被称为“希腊风格女皇”的她的拿捏下再度复兴。

2. 设计风格综述

Sophia Kokosalaki 是新时代的希腊代表，她将希腊古典文化与另类前卫的街头风格相结合，造就了她那具有希腊女神般的设计风格。她的设计成就是民族性和世界性结合的产物，给那些身处非主流圈而在努力使自己设计成为世界流行经典的年轻设计师以启发。

作为一位有希腊文化背景的设计师，她具有得天独厚的优势，她很自然将设计触角延伸至古希腊服饰，如古希腊诸女神的垂坠长袍。在Kokosalaki作品上，我们可以发现设计师善于在轻柔顺畅的布料上，采用不同的打摺缝制技术（打褶、折叠、悬垂），流露出浓厚的古希腊痕迹。Kokosalaki并非是沉湎于过去和传统，而是在设计中运用前卫街头的服饰理念，如拼接设计、军队元素等，诠释出现代时装风尚。Kokosalaki的色彩观较单一，不崇尚缤纷和繁复，更注重整体和单一，她大多以不同色彩倾向的黑色为主，辅以灰、白、米色、褐色……在表现希腊文化底蕴的同时，作品兼有前卫的中性倾向。

十四、Stella McCartney（斯特拉·麦卡特尼）

1. 设计师背景

含着金钥匙出生的Stella McCartney于1971年9月13日生于英国伦敦，是前披头士乐队成员Paul McCartney和著名摄影师Linda的爱女，从小就生活在名人的光环中。早在15岁时，就开始在法国名师Christian Lacroix门下学艺，协助Lacroix做晚装设计。1995年从英国著名的中央圣·马丁设计学院以第一名的设计成绩毕业。毕业两年后，年仅25岁的Stella从有“时装界恺撒”之称的大师Karl Lagerfeld手中接棒，一跃成为法国高级时尚名牌Chloe的首席设计师，瞬间成为时尚界的焦点人物。Stella不负众望，几季作品即使名声日渐下坠的传统品牌Chloe重新变得生气勃勃。2001年Stella羽翼丰满，转投Gucci旗下，推出以她自己名字命名的无皮草品牌Stella McCartney。2004年6月，Stella在伦敦获得了Glamour最佳年度设计师大奖。2005年，Stella McCartney更首次跨足运动品界，与著名运动品牌Adidas展开合作大计，推出专为女性设计的运动系列adidas by Stella McCartney，将其运动、自由、简练的设计精神延续至运动界。如今，Stella McCartney已经成为触及时尚行业各个层面，极具商业价值的当红设计师。

2. 设计风格综述

设计师品牌Stella McCartney充满矛盾却精致时尚，其风格超越了性别，融入了Stella McCartney所喜爱的20世纪六七十年代的时尚感觉，以略带阳刚气息、精致的西服裁剪技术来诠释浪漫的女性服饰，Stella一直以自己的着装喜好来设计服装——穿着舒适、性感同时具有现代风格，她的设计信念是以时装带给女性力量与自信的感觉。

Stella的设计永远洋溢着乐观、自信和一些运动感，追寻一切美好的事物。或许受20世纪60年代风云人物其父的影响，Stella尤其钟爱20世纪六七十年代甚至80年代的时尚体裁，在2006年秋冬的设计中可看到了她所钟爱的60年代、80年代的影子，如PVC材质的包、艳丽颜色的鞋履、柔软宽大的针织衫和长袍、刻意设计的大翻领毛衫等，其设计融合了浪漫和摇滚风格。Stella的作品兼有男装的影子，结构严谨，注重版型，这得益于Stella毕业后专门在以手工为名人度身订造的的伦敦Savile Row名街受训的结果，她曾师从裁剪大师Edward Sexton，以弥补工艺结构上的不足。Stella常以紧身胸衣和蕾丝花边作设计，在2001年10月的首场个人秀即采用此种手法，这也软化了品牌相对男性化的倾向。在面料方面，素食主义者Stella拒绝一切与动物有关的材质，她从不选用动物皮革和皮草，所设计的皮鞋手袋等一律以塑胶或PVC制造。

十五、Vivienne Westwood（薇薇恩·韦思特伍德）

1. 设计师背景

1941 年 4 月 8 日 ,Westwood 出生于德比郡的克劳所普小镇。青年时代正好历经 20 世纪 60 年代和 70 年代以及文化大变动时期，闻名于世的伦敦街头文化对她影响显著。她是历史上与“朋克”联系最为密切的时装设计师，当时，其他设计师还没有意识到“朋克的毁灭性力量之前，Westwood 就抓住它的叛逆本质。她的设计带有强烈的特迪青年风貌、摇滚和朋克服饰特征。1981 年，Westwood 首次个人时装发布会在伦敦上演，作品主题为“海盗”，灵感来自于 17 世纪英格兰海盗。不少人把 Westwood 视为颓废派艺术家，将她的名字和“朋克”紧密联系在一起，1982 年，Westwood 以具朋克概念的“野性女孩”(Buffalo Girls) 为题，在传统风格占主流的巴黎首次发布时装作品，这标志着 Westwood 正式步入主流时装界，也预示时装风格向街头文化的转变。

2. 设计风格综述

素有时装妖后之称的英国设计师 Vivienne Westwood 设计怪招频出、不循常规，因而倍受争议，并在时装界独树一帜。她的给我们太多的灵感和启发，她坚持时装就要体现性感，她从不认为穿着时装是为了舒适。她一次又一次作品展现她那不同凡响的想像力和创造力，最终成为时装界一代举足轻重的设计大师，赢得“朋克之母”的称号!

Westwood 非科班出身，这造就她对时装的独特视角。她对剪裁毫无兴趣，她根本不用传统的胚布剪裁，而是用剪开的、以别针固定住的布进行设计，这种以实际操作经验为依据的剪裁方法使她在 1979 年完成了大量的拆边 T 恤。Westwood 迷恋于撕开的、略略滑离身体的服装，喜欢让人们在身体的随意摆动之间展露色情，因此，她经常会将臀下部分做成开放状态，或者在短上衣下做出紧身装，或者用一条带子连住两条裤管，奇特的垂荡袜也是她的发明。Westwood 还善于将设计玩转于过去与未来之间，如将传统束身胸衣重新演绎，设计中融入有裙撑的裙子结构。

第三节 伦敦时装设计师作品分析

1、Alexander McQueen（亚历山大·麦奎因）

说到 McQueen 的功成名就，少不了 Isabella Blow 的一路赏识和提拔，McQueen 从圣·马丁毕业后的首场个人秀就深得 Isabella Blow 的称赞："McQueen 的设计常从过去吸取灵感，然后大胆地加以'破坏'和'否定'，从而创造出一个全新意念，一个具有时代气息的意念。"巴黎时装周上发布的 2008 年春夏系列，McQueen 将他服装事业上最精彩最受欢迎的所有元素融合在这场秀里，向这位自杀身亡的著名时尚评论家 Isabella Blow 表现最高敬意。整个系列的主题是关于"鸟"，秀的风格非常多元。如雕刻般精准的流畅线条，不规则的四边剪裁回溯到拦路抢劫时代，McQueen 似乎逐渐脱离他沉溺昔日光环的哀怨，令人赞赏又满溢怀念的新旧混融作品，让设计师重新意气风发！这款纯白色的裙装充分表现设计师卓越的立体剪裁功力，胸部的绑带式设计和分散式裙片采用设计师拿手的高级定制服剪裁方式：擅长的抓折、喜用的雪纺质料、女神般的礼服罩袍、以及经典繁复的手工缝纫。柔软的飘纱集结成分散的裙片，像鸟的羽毛造型，脸上的鳞片状画纹取意于"鸟"的主题，凸显设计师舞台剧服表现的功力。McQueen 一直喜欢做似物的设计，不过这次的全情投入将整体设计又提升到新的高度。（左图）

连帽领里外一致，斜摆的深红色的外套帽领层层叠叠，带出诡秘的巫术境界，仿佛暗藏玄机。时髦的超宽腰带和皮质短裙让人嗅出既柔化又硬朗的女强人风尚，现代的、古典的、异域的、时尚的，交相辉映，这是 Alexander McQueen 一贯的设计手法。整体造型上，稍宽松的针织外套由腰带束起，微蓬的超短 A 裙形成完美的 X 造型。与主题丝丝入扣的眼妆，凌厉眉型和粗犷的眼线间抹满浓艳色彩，在眉目间布置下勾心摄魄的迷阵，歌剧般的浓墨重彩，加重了触目惊心。（右图）

2、Antonio Berardi（安东尼奥·贝拉尔迪）

Antonio Berardi 的设计以创新的剪裁而闻名，他非常擅长于将尖利与柔和这两种互为对立的风格完美地揉合于一体，对传统手工艺进行重新演绎，是他的标志性风格之一。这款普通的套装采用简单的灰色，单色的运用是这位著名设计师最擅长的技巧之一，深浅灰条纹的上下装，灰色的褶边内衬，色调一致却不单调。Berardi 在整体修身的裁剪中加入适当的装饰，肩部和领部的细节很有滋味，Berardi 用皱纹荡领沿西装领拼出双层轮廓，肩部翘高的造型，整个设计显得精致而高档。对于 Berardi 唯一可以形容的词语就是“才华出众”，他设计的任何一款衣服，都能够从实用性的框架中找到创作时的迸发激情和他灵感的闪现的瞬间，贵族般的胸前花式领就是这款的亮点。（上图）

Berardi 非常喜爱日本和服，他认为和服有着迷人的趣味——代表着端正礼仪感的温柔，而在他的设计中，这种女性气质的端庄感是经常会被发现的，那种贴身地道的剪裁和精致的做工，以及大方的细节设计，是每一位女性都为之所动的。Berardi 经常呆在东京，喜欢那个城市，那个城市给他带来的灵感是没办法用量来形容的，尤其是剪纸，那种重重叠叠的效果让他着迷，他将折纸的技艺用在设计中，面料代替折纸，创造出不同的设计。这款以折纸为主要手段，在胸、腰、两侧和下摆形成错落有致的叠加效果。造型是 Berardi 钟爱的沙漏形，这是他擅长的廓形。设计充满着宗教色彩，衣领形状和结构似乎由神父的衣领变化而来，层叠于胸前的菱形装饰，让人一下就想到了罗马教堂的层叠装饰物，次序井然但是并不显呆板，宽阔的折片自由张开在摆处收紧，张弛有度，很自然地将似乎呆板的设计变得生动和活泼，也让整个设计显得那么充满灵气，又那么的高贵。（下图）

3、Boudicca（布迪卡）

犹如立体雕刻般的高腰裙装，搭配极度强调曲线的合身白色套装，点缀着平滑的缎面波纹、太空装般的运动夹克，运用嘶沙作响的金属蚕丝质料以及不可或缺的帅气拉链，强调出高度科技感。这款有解构风格的不对称层叠式上衣是超短装与衬衫的组合，不对称的袖子、男式硬挺领、立体裁剪的方裙，通过黑白色强烈的对比使作品带着几分令人惊艳的玄机，碰撞出设计的力量，构思的确奇特。一条用白钮扣固定的黑色斜搭肩带，在黑白上下衣间架起连结的桥梁，似有骑士精神的帅气装扮带着点设计的玩味出现在人们的眼前。Boudicca 总能在黑白中取得平衡，并且创造属于自己的独特味道！（左图）

这袭黑色透视装长至脚踝，精制的菱形花纹薄纱隐隐约约显现出模特婀娜的身姿。重金属感的配饰、毛皮的披肩将冷艳的酷感发挥得淋漓尽致，更加深了整体视觉印象。性感的服装与面无表情的模特如天造地设一般，完美地结合在一起，说不尽的高贵奢华、冷艳俊美、低调性感征服了秀场的观众。（右图）

4、Christopher Bailey（克里斯多夫·贝里）

Christopher Bailey 在配色方面也有着惊人的天分。他在服装设计的过程中巧妙地融合了艺术元素，让整个设计既简单又充斥着内涵。他从不刻意卖弄经典格纹，但坚持保留品牌的精致手工和高级用料。收腰的长大衣稍带些军装的痕迹，宽挺的袖襻和腰襻，每条边都以皮革压制包边。松软的毛衫和飘舞的收口裙是典型的“新性感”风格，把性感拉回到了暴露与拘谨的中间状态，从而创造出了一种全新的愉悦时尚态度。色彩的运用上，黑色、深红色、深咖啡色……充斥着浓浓的怀旧情绪。精巧温暖的毛线帽、粗织的长围巾，Christopher Bailey 所表现出的正是凛冽英伦街头的那股飘逸的奢华风景。（左图）

受到老牌设计师 Azzedine Alaia 的影响、Christopher Bailey 不但非常高明地在传承经典中作变化，更以丰富创意奠定品牌引领风尚的重要地位，在商业效益与艺术创作中取得平衡。设计师将圆桌武士气质与时尚混融在一起，散发出一股柔美中带有阳刚的性感风情。Bailey 将亮滑的、有金属感的铺棉设计成宽大的夹克，分割线上用硬朗的黄铜拉链做装饰，夸张的大翻领造型颇有些震撼力，仿佛带着战车飞奔的余烬。腰间系上宽版腰带，配上合身利落剪裁的短裤，一张一弛，同样勾勒出女性优美的窈窕体态。拉链、卯钉等中性装饰是设计师的强调焦点。在色彩上，黑色是主角，不同材质的黑色变化出不同的层次感。虽说是中世纪的武士带来的想象，但从中不难感受到英伦朋克的印记，这也正是 Bailey 对 Bailey 品牌改造所要达到的效果。（右图）

5、Christopher Kane（克里斯多夫·凯恩）

这款普通的黑色皮革裙装，运用流行的纸折工艺、别出心裁的构思，将女性的优美与帅气融为一体，好像凯旋归来的贞德女骑士！设计师大胆地用皮革来表现女性感，领口大做文章的折纸褶、肩带和腰带处中世纪的宫廷装的风琴褶，粗犷而又细腻，都显出设计师非同一般的功力。独具女性魅力的经典X造型、大摆的超短裙款式，配搭黑色的长袜，神秘而又冷傲，简直就是一场高贵与另类的完美结合！（左图）

这款造型收放自如，体现 Kane 对服装的最新认识。柔美的印花雪纺纱无规则地拼接出大小不一的荷叶边，变成一种充满了节奏感的时装立场，松垂的裙缘，大显浪漫主义色彩。Christopher Kane 的品牌是他与其姐姐 Tammy 共同创立，毕业于纺织品设计专业的 Tammy 除了负责经营，还为品牌提供独特的印花图案设计，此季的蛇皮印花图案设计便是她的新作，为作品增添了几分性感与神秘，于优雅浪漫之中表现出些许诡异的味道。（右图）

6、Gareth Pugh（格雷斯·皮尤）

Gareth Pugh 以具神秘象征的黑色作主色，以不同表面光泽的面料作穿插交替，让人充满想象。均匀的阶梯式宝塔结构装饰全身和袖子，连身裙经与黑色皮革镶拼，产生巨大视觉冲击力。宽大的领口伸出一张具奇异化妆的脸，稻穗黄的不对称发型更增添了几许怪诞成分。这就是被形容为“充满时尚指标意义”奇特概念。（左图）

塑料的特殊材料的运用展示着设计师大胆创新，简单的黑白条纹塑料下罩着一张惨白的面容，仿佛是游走在真实与灵幻疆界的半兽人形象，不禁让人毛骨悚然。将人体化装成灵异体的形态，苍白僵直的身体，呆滞和凶煞的目光，在带有攻击性的装束下，惊悚气氛不断升级。黑色怪异充斥着整个秀场。也许是受到了设计师 Rick Owens 的影响，Owens 的设计风格向来以隐晦和封闭的末世思维著称于世界，Pugh 曾经跟随他实习。（右图）

7、Giles Deacon（贾尔斯·迪肯）

轻薄外套零乱披挂在身上，而裹住领口是巨大粗犷的麻花辫，这是 Deacon 所擅长的工艺手法。夸张的造型渲染出不一般的气氛，厚重的材质与轻柔的服装强烈的对比，成为秀场上亮点，给人们带来了惊喜。色彩上以深褐色为主，带棕色迷幻的图案具有前卫感。（左图）

集实用和夸张于一体的作品，设计师以近代欧洲宫廷服装为摹本进行变奏。金色露肩小洋装上身采用欧洲传统的紧身胸衣结构，外露的撑架色彩突出，传达出非传统的美感。下身廓形骤然张开成筒形，以金色密集的树叶堆砌成蓬松的造型效果。如此设计元素的组合隐约透露着可爱古怪，产生高贵淑女遇上搞怪精灵的戏剧效果。整体的上紧下松对比强烈。（右图）

8、Julien MaCdonald（朱利安·麦克唐纳）

什么是对 Julien 最好的诠释？似乎是性感，但这并不完整。虽然在他的 T 台上我们常看到的是大胆鲜明的设计和挑逗镂空的裁剪，但 Julien 巧妙、流畅的剪裁和得体的设计，使他手下女性更体现了高雅又不失本色的一面。这款作品整体上非常简洁，具可穿性。裁减合体的短装 V 字大开领直至胸线下，勾勒出迷人线条，并与超极短打的热裤演绎一曲时尚热烈的青春欢歌。设计师以柔软的咖啡色羊皮作材质，撷取了古典贵族的华丽低调感，锯齿形边饰及压花设计等细节处理更增添了女性的细腻感，与服装色彩相配的同色好莱坞大框太阳镜凸现时尚魅力。Julien MaCdonald 就在不经意间带我们经历一场性感时尚之旅。（左图）

这个款式很好地诠释了 Julien 的设计风格。整款服装具巴洛克的韵味，我们不仅感受到性感的外型和奢华的风貌，从中更可体味出 Julien 对面料进行分拆重组的独具匠心。束胸结构自胸线处沿腰、臀向下展开，设计师注重性感的外型结构。同时将格纹面料演绎成复杂的结构，并与轻薄透视的丝绸搭配，模特在晃动间流露出隐约的性感。领口的丝带系蝴蝶结与门襟的荷叶边装饰毫不费力诠释出 Julien 的细腻与华美，裙摆的鱼尾造型与整体干净利落的简约设计的相互呼应是设计的关键。整款色调以灰色为主，呈现出冷艳的美感。（右图）

9、Matthew Williamson(马修·威廉姆森)

这款现代派的连衣裙是Pucci品牌一贯重视的单品，延续昔日设计风格，由柔软的丝质及鲜艳的多变花纹作为主体，展现千变万化的万花筒美学。镂空的上装造型现代而又性感，带有Williamson融入的伦敦夜总会风情，纵向的吊膊设计与横向简洁明快的黑色绑带尽显夜女郎的迷人梦幻。颜色选择上，Williamson把富于激情的桃红色、紫色、橘色等亮丽的色彩元素，运用到了Pucci著名的印花图案上，款款走动间，如满目飘动的五彩水波，绚丽多姿。(左图)

Williamson已经推出的个人品牌Matthew Williamson也以缤纷的图案色彩和迷人的时尚风格为特色，与Pucci的精神相得益彰。印花灵感来自20世纪50年代，最大的惊喜就是花纹的3D表现方式，设计师在表现中加入了许多硬物，Williamson用银色、咖啡色、灰色的金属片和皓石拼成各种三角形、不规则四边形、椭圆形，组合成Pucci的传统纹样，细致纯手工的操作工艺把一件黑底的马甲装点得精美无比。高领的毛衫与马甲配合，一软一硬的对比组合设计。搭配同样利落剪裁的裤裙，冲淡了图案的凝重，增添了些许活泼气氛。Williamson是一个极注重工艺的设计师，这款裙裤腰部的立体褶皱就展现设计师对细节的考究。(右图)

10、Michael Herz & Graeme Fiddler（迈克尔·赫茨 & 格雷姆·菲得勒）

具浪漫感的七分袖衬衫衣领形自然卷曲，呈波浪起伏状，带出女性的柔美韵味。恬淡舒适的大开口V形领口恰好露出性感的锁骨，尺度的拿捏毫不偏差。衬衫外配超宽的束腰，加腰带轻束，形成自然腰线。简洁的黑色高腰裤彰显女性的干练，而配合贴身的剪裁、精细的手工、上乘的丝质和呢料尽显英式名媛淑女的高贵气质与风范。黑白的色彩搭配反差大，以黑色纽扣穿插，设计师深知惟有简单的色彩搭配反而能衬托人的气质和个性。（左图）

上衣是这场秀的绝对主角，轻敞的无纽扣反光绸面棉衣、体现解构意念的断裂衣领设计心思迥异细腻。帐篷形设计源自风衣造型，长短经悉心衡量，开衩的袖型别具特点。领口处是设计重点，在整体简洁的外型中突出了领部的复杂构造，使设计的立意不在遥远的过去，而是具时尚感的现代社会。（右图）

11、Paul Smith（保罗·史密斯）

这款作品展现的是内敛的预科生形象。在色彩上以米白色棒针线编织的袖口调亮了整套服装的明亮度，灰、黑和咖啡色的格子色彩在纯度和明度上都较接近，Paul Smith 有意将粉蓝黑条纹围巾的加入，显得有层次感，并与米白色形成弱对比。一般太执着于男性元素难免会带给人无味感，而 Paul Smith 则添加一些女性柔美表现，连身的裙装采用合体的设计，完美勾勒女性线条，硬朗有余的短夹克搭配棒针线编织的袖口，别具一格。（左图）

居于英国当代时尚圈中的崇高地位，Paul Smith 似乎不需要每一季去费舌阐述设计理念。这款作品 Paul Smith 所撷取的形象来自 D.H. Lawrence 的《Lady Chatterley`s Lover》小说中猎场看守人习惯穿着的服装：粗毛呢格纹长裤、传统的英国绅士两件套——西装和马甲、立领的衬衫，打造出中性又粗犷的造型，展显出传统英伦的典雅风华。在色彩上，西装、马甲、裤装都统一在咖啡色调中。衬衫是整款设计中值得玩味的亮点，与整体咖啡色形成对比的灰色，在立领上更加上白色的镶边，这正是 Paul Smith 英式幽默风格的最佳体现。（右图）

12、Preen（普瑞恩）

设计师以传统的西装款式为摹本，以解构主义原理，对款式结构撕裂、切割、重组、再生，裁剪出全新的造型结构。上下身相连，无袖露肩，腰间打褶形成不对称结构，松软的西装是大翻领。面料采用柔软磨绒感的呢料，虽然有浓厚的复古味道但也相当的精致，再加上色彩上出挑的红色的运用又使整件衣服充满了奢华瑰丽的风情。（左图）

Preen 擅长实验性面料运用，以松垮、层叠、褶皱的手法表现，展现出设计师一贯坚持的特立独行、走英式前卫风格的设计路线。这款作品剪裁手法异常精准，设计师以体积感的塑造、面料的几何拼接，诠释出带街头元素的风格设计。款式以硬挺的皱布为设计素材，通过缠绕包裹手法，展现胸部、腰部、臀部的曲线交替变化，表现出这款前卫风格短款礼服裙另类的冲突美感。下摆处黑色薄纱若隐若现的表现与肩部的裸露形成反差，给整幅作品带来了强烈的神秘感。色彩上，黑色与紫色占据大部分，两色的运用更加凸显设计师的前卫设计理念。胸侧和腰间灰白色的使用使款式呈现出不对称的状态，打破设计的沉闷，也呼应了设计师风格追求。（右图）

13、Sophia Kokosalaki（索菲娅·可可萨拉奇）

这款作品大量地运用了褶皱这一复杂的古典工艺元素，呈现出了清新而简洁的外观。这款现代都市的短小晚礼服，呈现出混合了现代风的古典美感。整体设计明显流露出希腊古典文化的影响，以多层次重叠的彩纱表现出了古希腊的服装精神，运用不同形式的抽褶方法，层层堆积打褶或点状抽褶，组成大小不一、造型各异的体块。真让人佩服设计师的才能，如此轻薄的丝料材质，经设计师的巧妙构思，幻化出具古希腊雕塑感的款式造型。肩部的设计沿用了礼服感的V形结构，胸部运用打褶在胸两侧组成优美的图形。如果腰以上是平面结构的话，那么臀部则呈雕塑感，Kokosalaki运用抽褶使面料自然隆起，产生的不定的轮廓外形。充分展现了经典和怀旧的美感，同时也不失现代意识的前卫感。（左图）

这款作品设计师跳出了传统设计思维的樊篱，更着眼于极富设计性的另类街头风格的表现。设计师同样运用了褶皱这一复杂的古典工艺元素，表现出了极具现代感的清新而简洁风尚。这款小礼服以单一的黑色调出发，运用打褶手法表现出悬垂包裹的古代希腊服饰的感觉，这一效果不同于她的其他设计，是自然和随意的，具有软雕塑的感觉。整款款式简洁，连身裙样式上窄下宽，露肩、吸腰、长至膝盖以上。设计师将品牌风格定位于前卫、街头、中性，因此这款设计又诠释出极富设计性的另类前卫线条。（右图）

14、Stella McCartney（斯特拉·麦卡特尼）

这款富有女性化的高腰长袍，线条流畅，轻松舒适，简洁大方，而这正是 Stella 设计的精髓所在。宽松的裙摆让服装变得舒适性感，美丽无比。整款拼接、宽度不一的黑线成为设计关键，肚兜造型的胸片用黑色的线条强调，突出了结构和造型，长而及地的折褶同样用细黑线条勾勒，肩部的方型风琴褶黑白相间。设计师设置了宽褶，自腰间向下自然张开，形成大大的裤管，这种独到、精细的剪裁技艺造成了长裙错觉，碰撞出一种独特的魅力。（左图）

没有浮夸，没有造作，平实而明朗，Stella McCartney 已经习惯了用简洁坦率来对待自己的时装品牌。这款作品在廓型上做足文章，她汲取 20 世纪 80 年代的肩垫造型和美国足球队服的灵感，用宽肩、宽袖，描绘出活力四射的轻松愉快的女孩儿形象。柔软舒适的开司米用在休闲装中，是 McCartney 最喜欢的风格，这款宽造型表现在宽松、略膨胀的毛衫下摆，还有围巾的松松围系，刻意营造出“宽”气氛，这是 20 世纪 80 年代时尚真谛，也是 Stella 品牌所欲追求的。黑、灰的色彩组合因为提花围巾的点缀，一点也没有沉闷的感觉。随性、轻松、自信，这就使 McCartney 带给人们的舒适明朗的生活态度吧。（右图）

15、Vivienne Westwood（薇薇恩·韦思特伍德）

Westwood 从来不理睬当季潮流，她的招牌是“朋克”与“解构主义”，每一季的设计中总能找到其影子。这款设计，柔弱的绸缎随着野性的设计思维变得张狂，随意的缠绕、打结，无序零乱，参差不整，层次丰富多变，皱褶此起彼伏。衣服的肩线先向外伸长再陡然下落，形成凌厉的三角轮廓，传教士斗篷般的形状扩大了肩膀的比例，凛凛威严呼之欲出。艳俗的大红吐露出深入骨髓的执著和狂热，看似不经剪裁布匹随手裹于腰际，分不清头尾的大扭结让人觉得有些不可理喻。正反向安排的绸缎光泽面料，明暗相间，自然形成色彩的变化。夸张的外衣搭配具朋克风格的绑带式结构下身，尽显前卫理念，墨绿色与大红形成对比色。这一极具视觉冲击力的款式正应证 Westwood 的设计理念：服装早已经不再仅仅是服装了。（左图）

Vivienne Westwood 始终不愿意放弃身为一位英伦设计师的职责，她以手绘涂鸦的方式来宣示一些关怀人文的理念，包括了：“让 Leonard Peltier（美国印第安运动领导人）自由！”以及“我很贵！”这些字眼印制在 T-Shirt，再随意搭配五颜六色的印花图腾、饰品配件，呈现缤纷多元的俏丽街头风格。这款作品一面彩色卡通图案，一面漫画造型头像的双面飘带巧妙地设计成腰带、胸饰、吊带，正反的变换带出色彩的跳动，“I am expensive”的标语宣告了朋克教母依然玩着令人侧目的游戏，迅速把观众拉回到她富有革命精神的创意世界中。在材质的选用上，轻柔的雪纺被大量运用。不对称的褶裙、像挂条幅一般的锯齿边短装，是一贯信手拉扯出的裁剪风格，令人惊艳，再度展现了 Vivienne Westwood 不同凡响的时尚品位。在色彩上，白色与粉色的近色调搭配，营造清新的风格，洋溢出青春美感，对于习惯于惊世骇俗的 Westwood 而言，也算是一个巨大的跨越了。但是，Vivienne Westwood 从未背离她一贯的英国式的离经叛道作风，巨型的金属项链，夸张幽默的绿色水壶，仍显出在她的 Mix & Match 设计构想。（右图）

本章小结

与巴黎、米兰、纽约时装设计师相比，伦敦设计师对时装的理解往往最具前卫、街头、年轻意识，从年轻的 Gareth Pugh，到已古稀之年的 Vivienne Westwood 都不约而同地将设计触角伸向了街头文化，这种根深蒂固的设计思维可以从蓬勃发展的英国流行文化去探究。比较而言，英国设计师所展露出的设计理念也独具创造力，他们试验性的构思与创作往往能给他人以启迪。

思考题与练习

1、分析伦敦设计师的设计风格和特点，试以具体设计师作品作说明。
2、分析 Antonio Berardi 的设计特点和内在风格。
3、分析 Paul Smith 的设计特点和内在风格。
4、选取 Vivienne Westwood 一款作品进行模仿，体验设计师的设计理念和设计内涵。
5、选取 Preen 一款作品进行模仿，体验设计师的设计理念和设计内涵。
6、模仿 Alexander McQueen 的设计风格，在此基础上进行再设计并制作一款服装。
7、模仿 Preen 的设计风格，在此基础上进行再设计并制作一款服装。

第四章

纽约时装设计师及作品分析

本章列举纽约时装设计师，他们代表着美国时装设计师最高水准。通过对这些设计师作品的具体分析，包括具体设计风格、设计思路、设计手法、设计特点等，从中可以深入体味美国设计师对时装的理解。文中具体排序以设计师或品牌的起始字母作依据。

第一节 纽约时装设计师概述

一、关于纽约

纽约的现代制衣业形成于20世纪40年代，第二次世界大战后一批美国时装设计师开始崭露头角，纽约也逐渐成为一个重要的时装名城，到20世纪六七十年代纽约时装逐步形成了自己的风格，并受到国际时装界的关注。那么，究竟什么才是纽约的时尚精神？极简自由，优雅低调，抑或是现代奢华？纽约是一个逐梦的天堂，纽约时尚无法一言概之，因为在它的时尚背后，充斥着多元、宽容，甚至有点玩世不恭的文化氛围。

与巴黎、米兰、伦敦等世界时装之都相比，纽约进军世界时装之都起步要晚，以至于历史文化的积淀也略显单薄，但也就是因为它“与生俱来”兼容并包的混杂特性使得纽约的时尚更加贴近大众，平易近人，近年来，许多巴黎、伦敦、米兰的年轻设计师品牌及众多二线品牌纷纷在纽约走场就不足为奇了。

往往一年两次的“纽约高级成衣时装周”与巴黎、米兰、伦敦时装周并列为世界四大时装展示活动。纽约时装业的快速发展，一定程度上得益于对时装教育的高度重视，全市目前拥有纽约时装学院（FIT）、帕森斯设计学院等8所专门专业院校。

二、纽约时装设计师的设计风格

1. 纽约的简约设计师

在纽约，现代、极简、休闲又不失优雅的气息是很多品牌所崇尚的设计哲学。纽约的时装风格似乎更多地体现了美国这片新大陆快速的生活节奏和开放不羁的生活方式，在设计中，时装大师们将休闲风格和简约主义发挥到了极致。其实，这些看似简单的服饰，仔细端倪，便可发现设计师别出心裁的巧思。

设计师 Michael Kors（迈克尔·高斯）是个极简主义实践者，其设计风格简约明朗，充满了“既休闲又讲究，既遮蔽又暴露”的对立与矛盾气息，女装的华贵艳丽，总是让人眼睛一亮；以运动休闲服起家的高级时装品牌 Anne Klein（安妮·克莱因），坚持简洁利落的纽约式风格，被认为是“美国时尚风格”的代表品牌之一；“一切从剪裁开始”的 Calvin Klein（卡尔文·克莱恩）也是极简风格最经典的代表，2002年开始由 Francisco Costa（弗朗西丝科·克斯塔）接管设计重任，仍保持 Calvin Klein 清新简约与自在从容的气质，还展现出低调、典雅以及十分现代摩登的风貌；美国休闲领导品牌之一的 Tommy Hilfiger（汤米·希尔费格），是休闲精品，设计师崇尚自然、简洁的风尚，所以设计理念中无不渗透出青春的动感活力；被冠以“奥地利剪刀手”、“简约大师”的美誉的 Helmut Lang（赫尔默·朗）曾在纽约时装周上叱咤风云，他善于巧妙地将简约概念与时尚感融合，以精选华丽的质料剪映出都市的美感；世界顶级设计师山本耀司（Yohji Yamamoto）担任创意总监与 Adidas 合作的品牌 Y-3 也体现了一种简洁和极具设计感的风格，他们完美地给我们展现一个高档时尚的运动品牌形象。

2. 纽约的典雅设计师

纽约是一个逐梦的天堂，而设计大师的目的就是去实现别人心目中的美梦。在纽约，有这么一种服装风格，它融合了幻想、浪漫、创新，又或是古典……总之，一切都是可以想象到的 ture life。

Ralph lauren（拉夫·劳伦）的创始人及设计师拉夫·劳伦，将浪漫的风格融入了新的严谨与典雅，使服装品位高雅且个性鲜明；Temperley（坦波利）的“布痴”设计师 Alice Temperley（艾丽丝·坦伯丽），总是以个人原创的印花图案、人工珠饰及刺绣，配合优质的布料，设计出多款充满英式优雅感觉的印花服饰；设计师 Oscar de la Renta（奥斯卡·德拉伦塔）深谙女性需求，设计的服装典雅高贵，有着戏剧性的风格；旅美法国设计师 Catherine Malandrino（凯瑟琳·玛兰蒂诺）将艺术与时尚恰如其分的融合在了一起，他的作品让我们深刻体会到了什么是真正的法式浪漫；在美国时装业，特别是在古典优雅派的设计作风里，自然少不了 Donna Karan（唐娜·凯伦），正如她的二线品牌 DKNY 所示，Donna Karan 的设计根植于纽约的生活方式和生活节奏，将纽约独立自由的精神融入到设计当中，创造出既朴实无华又高贵优雅的世界性时装。

3. 纽约的新锐设计师

其实，每次纽约时装周，总会出现迫切来纽约寻求发展的新人，他们把纽约变成了一个多重性格的都市女郎，在舞台上展示自己多元化的风姿。

一直备受关注的新锐 Zac Posen（扎克·珀森），其创立 Zac Posen 品牌以独特的剪裁、面料和色彩获得了巨大的成功，他的服装常运用褶皱、蕾丝等柔美元素将纽约大都会的生活方式体现得淋漓尽致。此外还有英国的设计师 Luella Bartlett（露娜·巴特利特）、澳大利亚设计师 Sass（萨斯）和 Bide（比达）、南美设计师 Carlos Miele（卡洛斯·美诺）等等。他们不约而同选择了纽约这块热土，并成功地迈出了第一步。

4. 纽约的亚裔设计师

在纽约，具有亚裔背景的设计师也是一道亮丽的风景，他们将东方与美国的文化融合在一起，成为推动美国时尚的一支重要力量。

其中炙手可热的女性华裔设计师 Anna Sui（安那·苏）、Vera Wang(王薇薇）、Vivienne Tam（谭燕玉），服装都极具张力和个性，各有千秋；33 岁的美籍华裔设计师 Phillip Lim（菲力浦·林），他的 3.1 Philip Lim 品牌在短短两年内，便在纽约时尚界闯出了名号；Derek Lam（德里克·赖）的作品集奢华与现代实用性于一体，以优雅而低调的风格呈现，格调现代感十足但不冷漠，充满想象而又富于理性；Jason Wu（吴季刚）由于为美国第一夫人米歇尔·奥巴马设计 2009 年 1 月 20 日总统就职典礼礼服而一炮窜红，其温柔、性感、注重个性而不乏现代都市感的品牌形象深受消费者青睐；Peter Som（邓志明）系列服饰始终如一地秉承着雅致、简约、迷人、奢华、无拘无束的设计理念；多次获得 CFDA 等奖项的 Alexande Wang（王大仁）设计随性、自由，强调穿着搭配效果；由韩国夫妻搭档设计师 Hanii Yoon（姜镇永）和 Gene Kang（尹韩姬）创立的 Y&Kei，自 2001 年来在纽约时装周上初展头角后，便开始吸引韩国国内以及世界时尚圈的关注；另一位韩裔美国设计师 Doo-Ri Chung（郑杜里）与 Richard Chai（理查·柴），以其自然典雅、精致性感的美学意境给现代美国时尚服饰带来了全新的视觉冲击，也是现在时装界的焦点。

在纽约这样繁华璀璨，时尚车轮永不停歇的都市里，设计师们凭着自信与才华坚持着低调简单永不沉寂的风格，给我们呈现了一个绝对现代且魅力非凡的舞台。喜欢纽约的设计大师们强调个性而不张扬，简单却不平凡，在这个游戏规则不明确的时装世界里，我们期待每一季的惊喜，然后细细品味他们突发异想的内心世界。

第二节　纽约时装设计师档案

一、3.1Phillip Lim（菲力浦·林）

1. 设计师背景

33 岁的 Phillip Lim 走红于 2007 纽约春夏时装周。他的作品上了美国版《Vogue》，其主编、具时尚界的武则天地位的 Anna Wintour（安娜·温托）对 Phillip Lim 的设计赞赏有加。如今 Phillip 已成为与 Anna Sui、Vivienne Tam 等齐名的华裔设计师。

Phillip 的父亲是广东人，母亲是海南人，全家在 Phillip 一岁时移民美国，Phillip 从裁缝母亲那里继承对服装的敏感。Phillip Lim 作为美国新生代时装设计师通过十年奋斗于 2005 年推出自己的女装品牌——3.1Phillip Lim，随着时尚届跨界合作的盛行，Phillip Lim 与日本大众化零售服装品牌 UNIQLO（优衣库）合作推出了 3.1 Phillip Lim x UNIQLO 系列，Phillip Lim 也与 Bing Bang 设计师 Anna Sheffield 合作了"88 Fine Jewelry for 3.1 Phillip Lim"饰品系列。

2. 设计风格综述

Phillip Lim 被夹在时尚中间，设计师与明星、华裔脸孔与国际时尚，他的设计似乎更加遵循"中庸之道"，在艺术与商业寻找平衡感。Philip Lim 秉持衣服可穿性这项真理，建立了一套可供时装新锐们参考的典范，他永远都可以设计出各式各样价值比本身看起来还昂贵许多的服装款式，这不得不让人钦佩不已！

在他作品上可以看出利落的剪裁，服装修身效果奇佳。他装饰能力强，白玫瑰成为他的标志。《Vogue》英国版用"the new Chloe"形容 Phillip Lim。其实 Philip Lim 的修身长裤、短夹克搭高腰茧形小洋装，以及直线条纹的运用，多了一份中性的洒脱，迎合了时尚需求，体现出美国式的悠闲美感。Phillip Lim 的设计并不关注于解构和另类，而是极具亲和力和女人味，一种低调的淡定和流露。

二、Anna Sui（安娜·苏）

1. 设计师背景

Anna Sui 于 1955 年 8 月出生于密执安州的 Dearborn Heights，父亲来自广东，是个建筑结构工程师，母亲来自上海，是家里第三代美国华裔。Anna Sui 在很小的时候得到了曾在巴黎攻读艺术的母亲的影响，萌生了要在时尚圈大展拳脚的梦想。

幼年的 Anna 已经开始时装设计：替自己的玩偶和邻居小孩的玩具士兵设计出她心目中的出席奥斯卡颁奖的礼服。Anna Sui 还将自己画的作品和从杂志上剪下来的服装剪报装订成书，直到今日，这些伴随她多年的艺术资产，仍是她的"灵感档案"。20 世纪 70 年代早期她进入纽约帕森设计学校，当时摇滚乐正风起云涌地刺激着时装的发展，自由精神鼓舞着 Anna Sui 进入更高的层次，最终，Anna 把她的爱好延伸到了时装界，成立了自己的品牌，并不断地把自己的灵感出版在不同的时尚杂志上。1993 年，闯荡时装界多年的 Anna Sui 终于得到众人的肯定，获得了时装界最高荣誉奖——CFDA Perry Ellis Award 最佳新人奖。

Anna Sui 成为炙手可热的设计师的经历是一个经典的美国的成功故事。"即使梦想是超越一般人想象的，仍要坚持，"这就是底特律女孩成为国际知名设计师的秘诀。

2. 设计风格综述

Anna Sui 所有的设计均带有明显的共性：注重细节、喜欢装饰、富有摇滚乐派的叛逆与颓废气质、大胆嬉皮，时髦甜美、强烈的色彩对比和丰富的搭配经常出人意料但又有奇异的和谐。Anna Sui 1991 年首场个人服装秀上展出了"head—to—toe（从头至脚）"样式，其设计带有浓烈的 20 世纪 60 年代嬉皮风格，同时不乏时尚感，可称为嬉皮和高级定制服的协奏曲。她那大胆多变的设计从色彩到布料和质感都经常创造出令人意想不到的和谐组合，正好配合她热爱摇滚音乐的独特个性。

被评论界称为"时尚界的魔法师"的时装设计师 Anna Sui 擅长从各种艺术形态中寻找灵感，Anna Sui 的设计灵感是总那么活跃，永无止境：20 世纪的 60 年代的嬉皮、摇滚风格、美国西部牛仔、民族民俗风都是她作品的灵感来源。她不是单纯的演绎历史，而是将之看似矛盾的元素更为形象的融入于现代都市题裁：年轻、时尚、前卫。Anna Sui 的服装具有较强的可装性和市场的感，这源于她对于市场、消费人群的悉心研究和深入了解。这位吉普赛式的纽约设计师除了略带叛逆的摇滚风格，还略带幽默，能恰如其分地将绚丽的设计发挥到淋漓尽致，常给人以神秘和魔幻的感觉，并第一眼就可以抓住观众和顾客的心。

简约主义作为 20 世纪 90 年代的一大主题风行世界，然而 Anna Sui 却反行其道，她的设计注重细节、重视装饰、色彩丰富、服装层次多变。2001-2002 年的服装展中，Anna Sui 又推出了嬉皮风格，选用了手工织物，色彩艳丽，并通过一定的工艺，如拼接等手法，与皮革、针织物、毛皮等搭配，营造出一种清新、别具一格的新嬉皮形象，也让人们领略了一把新时代意义的服装风格。

三、Carolina Herrera（卡洛琳·海伦娜）

1. 设计师背景

Carolina Herrera 于 1939 年出生在南美委内瑞拉首都加拉加斯的一个上流社会家族里，她同时拥有法国与西班牙贵族的血统。13 岁那年祖母带她去巴黎看一场时装秀，开启了她对流行的启蒙及灵感。20 世纪六七十年代，Herrera 也是社交圈的名媛，与 Mick Jagger(米克·贾格尔)、Jackie Onassis（杰奎琳·奥纳西斯）和大艺术家 Andy Warhol（安迪·沃霍）都是好友，在当时曾多次被评为"国际着装最美人士"。40 岁时出于对时装的敏感和兴趣，Herrera 于 1980 年 9 月发布了第一个成衣系列，1981 年在纽约成立 Carolina Herrera 品牌，她坚信自己有一流的色彩和面料感觉，她尝试将高雅品味和个人风格融合到自己的设计中，并创作出婉约又秀丽的时装系列。Herrera 继而在 1984 年推出了裘皮系列，两年后其二线品牌 CH collections 登场，而在为名媛 Caroline Kennedy(卡洛琳·肯尼迪）设计了婚纱后于 1987 年又建立了婚纱系列，2000 年 Herrera 第一家时装旗舰店在纽约麦迪逊大道开幕，2004 年，获美国时装设计师（CDFA）"最佳女装设计师"奖项，2008 年 6 月从协会那里接受终身成就奖。如今她还在欧洲拥有 13 家专卖店，其品牌延伸至男装和珠宝首饰系列。

2. 设计风格综述

名噪半个世纪的设计师 Carolina Herrera 是一位强调美国优雅风格的设计师，她的设计简单随性，能充分显现女性的风采，并领导时装风潮，她那热情大胆的阳光般色彩及经典性的服饰风格让人心动。Carolina Herrera 似乎兼备了所有成功的要素，这使得 Carolina Herrera 赢得了全球女性的认同与赞赏，成为流行时尚界屹立不倒的大师级人物。

作为纽约老牌时尚名师，Carolina Herrera 的设计中没有标新立异的创举，她说“我喜欢让衣服看上去经典得体，却带着某种现代感的改变。”她的设计的客户群包括社会各界名媛贵妇，而她的设计总是重复自己的贯有风格——一种基于上流社会的风花雪月情调，如双面的开司米、俄罗斯的猞猁狲、轻薄的缎子、柔软得象丝的牛皮等运用，辅助以奇妙配色，如她以橘色的皮套与檀黑的开司米的短裙相配。她运用各类材质、斑斓色彩和配件，带给消费者富感染力的愉悦感。

四、Derek Lam（德里克·赖）

1. 设计师背景

设计师 Derek Lam 从小在国外长大，深受西方时尚文化熏染的他有着完全西化的思想理念，不过很难得，每次时装发布，他都用流利的中文征服了在场所有的人，让世界看到了他深为中国设计师的骄傲。Derek Lam 出生在旧金山市，母亲来自香港，父亲是美籍华人，在加州长大。Derek 毕业于纽约的 Parsons 设计学院，毕业后，他开始在 Michael kors 旗下进行设计工作，为 Kors 的标志性和支柱系列设计服务了 8 年，而后在 Geoffrey Beene（杰弗里·比尼）短期工作过 1 个月，并为香港的中档品牌 G2000 连锁店工作过两年，并迅速赢得了一批零售商和忠实顾客。在积累了丰富的设计经验后，2002 年他创办了自己的同名品牌，开始真正属于自己的设计之路，并以摩登现代的设计风格在时装界赢得关注。2005 年，Derek Lam 获得 CFDA（美国服装设计师协会）年度新锐女装设计师奖。2006 年，在与意大利的鞋包品牌 Tod’s 几季合作后，Derek 被任命为 Tod’s 的创意总监。

2. 设计风格综述

Michael kors 曾经称赞过 Derek Lam，说他是个集聪明、成熟、幽默于一身的人，他的服装作品一直呈现出精致、独特的流畅线条，而他的个性也自然地融合到了他的设计风格中。Derek 的设计常常给人意料之外的惊艳感，同时，又保持了经典上的延续。他对自己品牌的设计理念是集奢华与现代实用性于一体，同时充满女性化气息，以优雅而低调的风格呈现。他对时装格调的把握极为娴熟，现代感十足但不冷漠，充满想象而又富于理性。他用娴熟的技巧，以超乎寻常的选料和至臻完美的细节，融合了流行服饰的优雅和性感。Derek 致力于将时尚的优雅超越时间的桎梏，一个最典型的例子就是业界公认他剪裁风衣的手法最趋完美。他的设计不拘泥于形式的奢华，即使是最具女性风格的服装，也没有过于奢侈或者呆板的感觉。Derek 的设计灵感通常来源于人们表现自己的方式，包括表演艺术、画作和街头生活。当见到有趣的人，他会想象他们的生活状态，虚构一下他们的故事。

五、Diane Von Furstenberg（黛安娜·冯·弗斯滕伯格）

1. 设计师背景

Diana von Furstenberg 于 1945 年出生于比利时布鲁塞尔，是俄罗斯犹太裔，1969 年与德国王室后裔兼时装设计师丈夫 Egon von Und Zu Furstenberg（埃贡·旺·菲尔斯滕贝格）移居纽约。虽然在日内瓦大学毕业的 Furstenberg 修读的是经济科而不是时装，但凭借其时装天分，成功转行，并成为当红的时装设计师。1969 年开始，Furstenberg 一直以家庭作业式为客户定做服装，直至 1972 年，她设计的一款裙子在《VOGUE》杂志上刊登，令 Furstenberg 成为纽约时装界的宠儿，并促使 Furstenberg 在纽约开设第一间门店。20 世纪 70 年代，她标志性的包裹裙问世。在销售出 500

万套这样的裙子之后，不少时装界的权威人物形容 Furstenberg 为继 Coco Chanel 后最有市场潜力的时装设计师。乘着这股浪潮，Diane von Furstenberg 又推出了香水和化妆品。2003 年，Furstenberg 涉足运动界，与 Reebok（锐步）合作了一系列“RBK by DVF”的运动服饰，由网球界红人 Venus Williams（大威廉姆斯）穿上进军温布顿网球赛，进一步拓展市场。今天 Diane von Furstenberg 品牌在全球超过 56 个国家销售，时尚精致的品牌形象，全球瞩目。在 1999 年，她成为 CFDA（美国时装协会）的董事会成员，2005 年获 CFDA 颁赠“终生成就奖”，并于 2006 年当选 CFDA 主席。

2. 设计风格综述

Diane von Furstenberg 是一个有着传奇色彩的美国品牌，设计师的戏剧人生给品牌带来更多的谈资。Furstenberg 的设计风格古典精致，款式玲珑乖巧，颇具淑女风范，处处都透出可人细节，精致贴体的裁剪技艺，展现完美的女性身材。

长期的市场磨练使 Furstenber 深谙穿衣之道，她深谙如何收放自如地穿出女性天赋性感，或许这也正是她以及 DVF 时装最吸引人的地方。1970 年，她设计了标志性作品 Wrap Dress，这是一种有弹性的印花丝绸裁剪成的长袖衫式裹身裙，造型修身，腰部呈自然流畅的斜裁，用同料细带束在腰间。这个绝顶聪明的剪裁，对女性的身材，有极大的兼容性。任何身材，都能很容易地穿出女性化的线条。扣齐纽扣，斯文淑女，解开至胸口，又性感撩人。海滨度假，能披在比基尼外，当浴袍；穿戴整齐，又是一件得体的日装。Furstenberg 把收放自如的女性魅力，成功地注入女服设计，让性感变得平易近人。在她以后的设计中，Wrap Dress 成为一个常备单品，从单纯的长袖，发展到短袖、吊带，有丝绸，也有纯棉、弹性针织，印花通常以几何图案为主，也不乏花卉、热带雨林图案。现在的 Furstenberg 系列，比以往成熟很多。虽然仍然围绕 Wrap Dress，但更渗入她本人往年穿梭欧美的度假意味，同时有着性感的女人味和轻松舒适感。近年的设计，更多了点题材，从 Bond Girl（邦女郎）美艳女间谍、迷你版古希腊女神到窄身剪裁、金属色连帽裙中世纪武士风貌，都能在 Diana von Furstenberg 的设计中找到。

六、Donna Karan(唐娜 · 凯伦)

1. 设计师背景

Donna Karan 与 Calvin Klein 和 Ralph Lauren 并称美国三大设计师。她创立了以她自己名字命名的高级时装品牌——Donna Karan，还为她年轻的女儿创立了一个二线品牌 DKNY，这是一个轻松舒适，为时尚青年一代设计的品牌，其流行性和知名度甚至超过了其正牌。

Donna Karan 从小就在纽约服装圈的熏陶下长大，高中毕业之后，即进入以设计闻名的纽约帕森斯服装设计学院研修设计。学习期间，多次到著名的服装公司实习，学到了许多服装制作技能和设计方法，逐渐崭露头角。后到安克莱公司担任安克莱的助手，在安克莱女士去世后，接过总设计师的担子，以她在服装界独立闯荡的经验和坚韧的决心开始重创事业。

2. 设计风格综述

Donna Karan 出生于纽约长岛，对纽约这个世界大都会有着一份特殊的感悟。在她的商标中，她特地加了纽约（N.Y.）字样，用以宣示她那富于变换的设计中的基本定位——以纽约为代表的都市人设计。她将纽约独立自由的精神融入了设计之中，逐渐演变成流行界中国际都会风格的代表。她的品牌根植于纽约特有的生活模式，她的设计灵感，也都源于纽约特有的都市气息，现代节奏和纽约的蓬勃活力。纽约城黑夜的地平线启发了 Donna Karan 招牌黑色开司米贴身衣裤的创作灵感，

20年前Donna Karan秋季服装的第一个系列正是如此，如今仍是主打设计。她的品牌吸引着以纽约为代表的现代都市生活方式的向往者，是最成功的成衣品牌之一。

Donna Karan把一切看似矛盾的素材，巧妙融合成摩登的时装风格，就如时髦都会的知性女性们，始终抵挡不住浑厚、华丽而原始的非洲珠宝搭配着喀什米尔夹克时，显现出的那种不协调诱惑！她的服饰具有可搭配替换性，既适合早九晚五忙碌的职业妇女，也受到影视明星、豪门贵妇的热心追捧。

七、Francisco Costa（弗朗西斯科·科斯塔）

1. 与设计师相关的品牌背景

美国品牌Calvin Klein是美式简约主义的代表，大量运用丝、缎、麻、棉与毛料等天然材质，简单利落的款型设计和剪裁线条，以及大量无彩色、灰色系的运用，呈现一种简单、干净、完美的形象，也使这一品牌成为新一代职业妇女穿着的最佳选择。

2003年，Calvin Klein将品牌出售给制衣巨头Phillips—Van Heusen（菲利普－范·休森）后，亲点Francisco Costa接棒。这位设计界新锐在设计上依然秉承了Calvin Klein一贯的都会简约精神风尚，维持CK经典不衰。

2. 设计师背景

Costa先生成长于巴西里约热内卢附近的小镇瓜拉尼，其家族和服装行业颇有渊源。他父母成功创立自己的服装事业，而他的姐姐同样是位设计师。从小在各式各样的纺织品和颜色中长大的Costa，对面料和图案的奇妙感觉让他走上时装设计的路。1986年Costa来到纽约，就读纽约时装学院时，Costa的天分便很快显露出来，曾获得了Idea Como/Young Designer of America奖。后留学意大利，令他在欧洲时尚舞台上汲取更多灵感。毕业后，先后在Bill Blass（比尔·布拉斯）和Oscar de la Renta（奥斯卡·德拉伦塔）公司做设计，1998年Costa被Tom Ford招进Gucci的设计班底操刀，2002年加入Calvin Klein公司，2004年正式主刀这一创立于1968年的品牌。2006他荣获了当年美国服装设计师协会(CFDA)年度最佳女装设计师。

3. 设计风格综述

Costa一直坚持他随性简洁的设计理念。在他眼中，简单的设计才能带给女人最大化的舒适，最自然的状态。华丽、创新固然重要，但是没有一个女人能够在钢盔连衣裙、报纸堆砌的外套或羽毛大衣的包装下呈现她最自然的美。这与Calvin Klein的观点不谋而合，Calvin Klein一直认为服装设计应该具有使人体自由活动的流畅线条，使穿着者感到舒适愉悦，不受拘束。对于接手Calvin Klein，Costa觉得这是最能代表他设计观点的品牌，除了简约，Costa还加入了华丽而性感的现代风尚。

八、Jeremy Scott（杰里米·斯科特）

1. 设计师背景

Jeremy Scott于1974年生于密苏里州的堪萨斯城，从小就喜欢穿奇装异服去学校，三个最漂亮女同学是他的打扮对象，其中一位因穿得太过火而被学校遣送回家。1985年从纽约Pratt学院毕业后，21岁的Scott怀揣美梦赴他心目中的神圣之地——时装之都巴黎试试运气。起初困难重重，他只能以护士服和从跳蚤市场捡回的碎布做材料设计。终于在1997年10月Jeremy Scott首次时装秀正式登场，取名“Rich White Women”。1999 年 Jeremy Scott 被聘为米兰的著名皮革品牌 Trussadi 做艺术顾问，2001 年他为 Bjork(比约克) 设计的一袭白裙被大都会博物馆研究所选中，成为该馆的摇滚时尚展作品。至此 Scott 已崭露头角，他的设计得到广泛的关注和肯定，连 Karl Lagerfeld 都感慨 Jeremy Scott 作为一名新锐的后生可畏。

Jeremy Scott 并无深厚的背景，但经过努力已成为一位非常有个性的设计师，凭借他那奇思妙想的设计赢得了众人的关注，拥有了一批忠诚的追随者，如艺人 Bjork、Madonna、Kylie Minogue(凯莉 · 米洛) 等。

2. 设计风格综述

如果将美国走创意路线设计师与英国的进行比较，可以发现英国设计师的作品形式感强、手法稀奇古怪、风格多样，共同的是他们思路连续，体现浓烈的前卫街头意念。而美国设计师则随心所欲，不按理出牌，美国轻松调皮、无所顾虑的自由生活态度也在时装上反映出来。Jeremy Scott 比较像是调皮搞怪的、不按理出牌的代表，即使以优雅古典作为灵感，也会在世故的款式上搭配极为休闲的配件，犹如优雅的正装搭配球鞋、蕾丝上衣搭配牛仔紧身裤。

Scott 常常以 20 世纪 80 年代服装激发设计灵感，Scott 常在作品中饰以夸张的图案、幽默的文字,时常透出讽刺 20 世纪 80 年代的意味。在 Scott 色谱中没有常用和无用之分,他的色彩观以艳丽、刺激、明了著称，无论多么艳丽灿烂的色彩都可在他的设计中体现。他的作品表现出太多的关于情感、思想和社会的思考，子弹、枪、螺旋桨、融化的冰激凌、秀色可餐的快餐、背负弹夹的小猪等都可成为设计题材。Scott 的设计向来我行我素,看他的秀场犹如在逛时尚街道,让你流连忘返。此外 Scott 的发布会独树一帜，场场具轰动效应，他擅长戏剧化的表现效果，在不经意间，将你沉浸在个戏剧舞台。

九、Marc Jacobs (马克 · 雅克布斯)

1. 设计师背景

1963 年出生于纽约，并在纽约土生土长的 Marc Jacobs，还是孩提之时便从祖母那学会了编织的手艺。17 岁第一次来到巴黎，做了一个月的短期游学，对法国巴黎和时装产生的热情使这个男孩子终于在这条路上越走越远，最后到达了现在这种高度。1970 年代的时候，这个感性的大男孩热衷于出入哈拉俱乐部，喜欢漂亮女孩，也喜欢纽约洋娃娃。他的欣赏口味非常特别，这也影响到他后来的设计风格。

1981 年，从高中毕业后，Jacobs 进入纽约著名的帕森斯设计学院攻读时装设计，在学院的时候，他获得了多项奖项，初步展露出他的设计才华，赢得“神童”美誉，从此正式晋身时装界。1986 年得到赞助支持，首次推出以个人名字为卷标的“Marc Jacobs”系列，1987 年夺得美国时装界最高荣誉“美国服装设计师协会 (CFDA) 的最佳设计新秀奖”。后又得到国际头号奢侈品集团 LVMH 的赏识，1997 年出任奢侈品牌 LV 创意总监。现在他同时设计 LV 品牌以及自己的署名品牌 Marc Jacobs、副牌 Marc By Marc Jacobs，堪称国际时装界头牌人物之一。

2. 设计风格综述

Jacobs 一向被冠以时尚界的另类分子，是“时尚简约主义”的代表，设计理念大胆自由且创意无穷，“稍微离经叛道”，却总能设计出时尚人士最想穿的时装。自从让模特们穿着军靴和花裙走上 T 台之后，Marc Jacobs 就被美国 Women’s Wear Daily 的编辑冠上了颓废古怪的称号。无论是

2005 年春夏季的“像是去到游乐园般嬉戏般”的玩耍风格，还是玩了数季的复古风，他设计的服装绝对不入正统主流，却十分昂贵，给予穿着者年轻的、隐匿的豪华感觉，十分迎合消费者心理。Jacobs 喜欢长长的裙子或直脚裤和无跟鞋的搭配，随着随意走动，能映衬出 Jacobs 所倡导的迷人中性风貌，一种女性的柔和和男性的坚强交融的混合气质。

作为 LV 的创意总监，Marc Jacobs 深谙 LV 的精髓，将他的极简哲学与象征社会地位的 LV 融和，例如在传统交织字母产品上增添小型金属装饰，将交织字母与格子图纹巧妙地设计在纽扣、布料印花甚至是鞋底及各种扣环上，这些特点都让 LV 的服饰系列特别充满文化的养分。每一季大胆的跨界合作更强调体现永远旅者的进取精神，与纽约年轻艺术家 Stephen Sprouse（斯蒂芬·斯普劳斯）合作的 LV 涂鸦包让人耳目一新，与名画家 Julie Verhoeven（朱莉·弗尔霍文）合作的拼布包玩味十足，与树上隆合作的樱桃包充满可爱风格。

十、Max Azria（马克斯·阿兹里亚）

1. 设计师背景

BCBG 的设计师 Max Azria 曾在法国长期居住，对法式情调情有独终，Max Azria 曾在巴黎从事了 11 年的女装设计，深谙巴黎时尚之道。Max Azria 1989 年来到美国，创建了 BCBG 品牌。他别致脱俗的设计与自然流畅的款式，一推出就引起好莱坞明星与时尚名媛的高度关注，略低于一线品牌的定价，更吸引了众多想要拥有摩登精致时尚独特穿着的人士，BCBG 无疑是时尚圈内的首选指针之一。在 BCBG MAX AZRIA 的服饰帝国里，涵盖有晚宴服（evening）、牛仔系列（denim）、鞋子（footwear）、眼镜（eyewear）、泳装（swimwear）及各式各样的饰品，近几年更扩充到男装的领域。BCBG MAX AZRIA 每年生产 4000 款款式为基本，并且运用独特的织法，生产大量高品质的商品。他以降低成本的方式，合理调整售出的价位，创造出一个涵盖男女时尚生活的全面性的品牌，此经营模式，使 BCBG MAX AZRIA 成功占有消费市场，亦让美国加州 California（加利福尼亚）成为世界性的流行城镇之一。

1998 年 Max Azria 收购了以条状礼服闻名的法国时装屋 Hervé Léger，而今经过 Max Azria 的成熟构思，纽约的秀场上的 Hervé Léger by Max Azria 已散发出现代版的法兰西气息。

2. 设计风格综述

就美国时装风格而言，简洁明了的品牌占据了大部分，BCBG 虽然是一个地道的美国品牌，却弥漫着一股优雅、浪漫的法式情调，它更多体现的是松软廓形、流畅线条、丰富细节、多样色调，所以 BCBG 又被人冠以美式的波希米亚格调。BCBG 十分强调服装的搭配性，简洁易搭的套装形式并不被 BCBG 所推崇，相互混搭，需要花心思搭配的实穿款式占最大比例，这是因为设计师希望不同的人能通过服装的自由搭配，穿出属于自己的风格，这可能就是 BCBG 服装的本质。

从 BCBG 这一名称就能感受到品牌的风格，BCBG 是取自法文的原意“Bon Chic，Bon Genre”——优雅的仪态与得体的款式。有着欧洲、美国生活背景的 Max Azria 游刃于两种文化中，一直希望将欧式设计风格及美式生活形态相结合，以满足现代女性的欲望与需求。希望透过他的服饰，让狂热感染所有的人。“优雅”和“流行感”是 BCBG 风格的关键词，法兰西式的优雅、精致，是这个服装品牌的风格和精神。BCBG 又将精致典雅与美国的时尚精神相结合，简单优雅的款式、流畅的剪裁线条、大气而有整体感的图案使穿着者既优雅又能表现流行感。

十一、Michael Kors(迈克尔·考斯)

1. 设计师背景

大多知名设计师都在孩提时代与时装有过不寻常的接触，或感悟体验，或耳濡目染，美国设计师 Michael Kors 则是作为《Vogue》小读者而受到熏陶。当年《Vogue》上一张超级名模 Lisa Taylor（利萨·泰勒）的照片，她驾着快车，身穿休闲时髦的针织毛衫，栗色的头发在风中飘荡，散发着无限的优雅和青春气息，完全不像欧洲那些被奇奇怪怪的服装包裹起来的洋娃娃女人，Kors 被那种动感、典型的美国味道、兼有的性感所吸引。如今这些形容词正是 Kors 设计风格的写照，无论他为 Celine 还是为自己的品牌 Michael Kors 做的设计，都能找到那种独特的美式风格。

1959 年 Michael Kors 出生在纽约长岛一个富裕的家庭，小时候同妈妈经常外出购物，他发现了对服装的热爱。10 岁的时候，Kors 便在地下室的专卖店“Iron Butterfly”开始出售自制的蜡防印花 T 恤衫，以及皮背心。1977 年求学于纽约 FIT，学习期间于 1977 年至 1978 年在著名的 Lothar’s（洛塔尔）精品店从事销售工作。22 岁那年自创品牌发布首次个人系列作品，受到 Bergdorf Goodman（伯格道夫·古德曼）等高档精品店的青睐。1990 年创建低端的 Kors 系列和男装系列。Michael Kors 最擅长设计实际而又奢华的作品，他将 20 世纪 70 年代最好的休闲服装和明星魅力以幽默的方式融合起来，达到了嬉皮的新巅峰，这些顺应潮流的设计给他带来无数的注目，不久他就扩张到男装上，同时吸引了法国奢侈品集团的注意，1997 年时装业巨头 LVMH 老板 Bernard Arnault 作出了 Celine 走高雅年轻化路线，遂聘请 Kors 出任 Celine 设计总监一职。1999 年获美国时装设计师协会颁发的年度女装设计师大奖。2004 年退出 Celine，返回纽约继续经营自己品牌。

2. 设计风格综述

Michael Kors 如同 Donna Karan 都追求简约风格设计，并从男装中汲取灵感。Michael Kors 特别钟情于 20 世纪 80 年代晚和 90 年代初具动感的体型，因此在简约明朗设计风格隐隐地透出运动气息，他的服装体现的正是美式的简约运动休闲风格。虽然 Kors 也有图案面料的表现，但他更青睐中性色彩，并注重面料独一无二性，以此提高品质，营造奢华的感觉。如他喜爱运用高级面料缝制带运动感服装，开司米针织款式也是他的拿手好戏。他那清新且充满幻想力的时装系列俏丽光鲜，即便休闲服也选用名贵面料，这已成为 Michael Kors 品牌的招牌。此外他的夹克、裤装也是名媛淑女们的最爱。

十二、Narciso Rodriguez（纳西索·罗德里格斯）

1. 设计师背景

拥有部分古巴血统的 Narciso Rodriguez，1961 年出生于美国的纽泽西，1982 年毕业于纽约时装计名校帕森设计学院，毕业后的首份工作是进入 Anne Klein 品牌公司，随当时的主设计师 Donna Karan 工作，在那里学习会了“从头到脚进行包装”的设计哲学，同时在时装剪裁技艺上达到目的精准拿捏的水准。6 年后转至 Calvin Klein 旗下，从事女装设计。1995 年赴法国巴黎，任 Cerruti（赛露迪）品牌的艺术总监，全面负责其男女装设计。两年后 Rodriguez 的首次个人秀 1998 年春夏设计在米兰上演，一炮而红，不可限量的黑马气势浑然形成。Rodriguez 的实力倍受肯定，随即获得 VH1 设计师协会的 Perry Ellis Award 奖项，同时以精良皮件闻名的西班牙品牌 Loewe 邀请其担任全新女装系列之创意总监。2003 年 Rodriguez 获得“美国年度最佳女装设计师”的称号。

2. 设计风格综述

受到极简大师Calvin Klein的熏陶，Rodriguez的设计不可避免在简约风格的方向探索。简单实穿的极简主义在Narciso Rodriguez的设计中占相当重要的分量，简洁又不失优雅、风趣而具奇特感是他的品牌风格。Rodriguez一直着墨于个人风格上的缔造，而不是亦步亦趋跟随高流行的时尚趋流，他所扮演的角色，不仅只是着装上的纯粹提供，更希冀呈现一种全面性的生活形态，包括追求品质上好的面料与近乎完美的剪裁，如他不时传递出的极简但具20世纪80年代风格的建筑风，这正是Rodriguez设计服装时的切入点。

Rodriguez的服装不体现众多美国设计师追求的休闲风尚，但素雅而舒服，既非摩登亦非经典。他的设计很合女子的形体和个性，容易穿着同时给了人们很大的想象空间。他曾说过要使女性美丽动人，让服装更贴近她的肌肤。就如同他一贯秉持的设计哲学，即使他在服装中增加了些许的装饰，但整体来看依然是相当流畅，现代感十足。他柔美性感的优雅设计、细致的裁剪和精巧的细节、一丝不苟的品质获得时尚媒体的肯定和世界各地女性的拥戴，Rodriguez已成为美国新一代设计师的象征。

十三、Oscar de la Renta(奥斯卡·德·拉伦塔)

1. 设计师背景

Oscar de la Renta于1932年出生于中美洲的多米尼加共和国，18岁时远赴西班牙马德里学习绘画，但学习期间迷上了时装，他尝试将设计草图寄给Christobal Balenciaga公司，不久即获得做大师Balenciaga助手的工作，后又到巴黎在Lavin公司担任设计助理。1963年到美国的Elizabeth Arden(伊丽莎白·雅顿)公司从事设计，两年后创立自己的同名品牌Oscar de la Renta，成为美国当时的时尚标杆，他的设计一改美国服装的牛仔、休闲风貌，注入优美、典雅气氛，如今Oscar经营的时尚品类包括男装、女装、香水和各类装饰品。20世纪90年代，Oscar与CK、DK、Ralph Lauren等并称未美国十大设计师。Oscar曾获得时尚界的多项大奖，1990年获得CFDA终身成就奖，2000年获得CFDA女装设计奖。鉴于Oscar的设计风格和设计经验，1993年以优雅高贵著称的法国高级时装屋Pierre Balmain（皮埃尔·巴尔曼）邀请他担当创意总监，这是首次美国设计师担当世界时装之都巴黎高级品牌主设计师一职。

2. 设计风格综述

在礼服设计领域，美国设计师Oscar de la Renta因其设计高雅脱俗、制作美轮美奂、用料名贵考究而闻名于世，被评论界誉为“最佳的晚礼服系列”。Oscar的设计区别于当今走前卫路线的新锐设计师，他设计的晚装突出了传统审美情趣，以优美的曲线结构、和谐的比例分配、起伏的节奏变化而赢得众多王室贵族和社交名媛的追捧和欢迎。

Oscar的设计华丽、精致、典雅，虽然有点老气，但这是他设计的精髓，是吸引众多社交名流关注内涵。Oscar的时装设计常伴随着艺术气息，这可能源于早期的绘画学习，如2008年秋冬设计灵感来源于奥地利画家克利姆特画作的设计。Oscar对材质的要求较高，如华丽皮草、人字呢大衣、法兰绒、粗尾羊羊绒大衣、反光的薄纱、透明的雪纺、光亮感的面料织物等，此外在女装设计中也大量运用金银色绣花、水晶等装饰，以体现奢华感。他深谙女性的需要，总能够创造出时装经典。在品牌亦奢亦简风格下，高贵脱俗、气质非凡的穿着效果使服装受众者很多，Oscar说“我的顾客里，既有20岁的模特，也有年届100的女性，她们都充满了惊人的活力和热情。”这位设计师不愿意根据女性的年龄来划分她们的着装，也因此，他的服装受到了各阶层女性的青睐。

十四、Peter Som（邓志明）

1. 设计师背景

Peter Som为香港移民后裔，生长于旧金山，他的父母都是早年由香港移民至美国的建筑设计师。第一次梦想当设计师是在五年级时，他迅速翻阅着女性杂志，并画着自己设计的草图。为了追求梦想，他进入康涅狄格学院（Connecticut College）修读艺术和艺术史，然后在著名的纽约Parsons设计学校系统学习设计技巧。由于在两位著名美式风格设计师Calvin Klein和Michael Kors手下做实习生，因此获得了学校颁发的金顶针奖。离开学校后，Peter的第一份工作是在老牌设计师Bill Blass作设计助手，在那里呆了一年半。后曾有一段时间替Emanuel Ungaro作设计。这些为他建立自己的品牌奠定了基础。1997年他第一个设计系列推出，作为一个冉冉升起的设计新锐，Peter得到了美国时装设计师委员会（Council of Fashion Designers of America's(CFDA)）奖学金项目，随后被提名为CFDA的Perry Ellis奖的候选人。至此Peter已在时装界奠定了地位，他的设计频繁出现在Elle、Glamour、WWD、Vogue等杂志报刊中，而且总是处在受推崇的行列。他的新作更在电视剧《欲望都市》（Sex And The City）和Elsa Klensch（埃尔莎·克伦斯克）的《CNN风格》（CNN Style）中亮相。30岁出头的Peter已得到时装界的关注，2004年，被纽约《时代》评为“当今最佳年轻设计师之一”。2008秋冬，Peter首次为美国经典品牌Bill Blass操刀，他设计的系列成为纽约时装周的亮点。华裔设计师的整体崛起是迟早的事，但因为Peter Som的走红，这一天或许会大踏步地提前到来。

2. 设计风格综述

性感、奢华从来都是繁复的代名词，而能用简洁的语言来充分表达并做到几近完美毫无疑问应属美国年轻的华裔设计师Peter Som。的确最简单的东西是最难设计的，而Peter所选择的这一设计风格应该算是比较另类的。从其系列作品来看，Peter的设计带有美式休闲简洁风格，这也是媒体给他的评价。但Peter想创造出对立的两面：虽然简洁，但也穿插着浪漫风韵，如大量的鸡尾裙、不规则裙边的印花裙的设计。正如Peter所说：“我想要呈现的是一种简化的奢华质感，但并非极简派艺术。”他认为自己的风格是性感、简洁而带有流线型，具有女性特质，也强调服装的实用性与趣味性。由于受过美式运动风格设计师Michael Kors的熏陶，Peter的设计颇具运动感，而这恰好平衡了在细节上过于讲究的女性化和奢华感。

PeterSom喜爱在纽约或巴黎的日常生活的人们寻找灵感，他对设计时装充满了乐趣，并从设计具有妇女特质和性感，同时又显示妇女重要性的现代时装的挑战中得到满足。作为一名新一代的“华裔”——这样一个在欧美人种占优势地位时尚圈里看来有点另类的身份，Peter并不刻意追求中国传统元素的运用，而是在作品中以隐藏在作品中的红色或传统纹样来显示他对中国传统的赞美和对东方文化的致敬。

十五、Ralph Lauren(拉夫·劳伦)

1. 设计师背景

Ralph Lauren1939年出生于纽约布鲁克斯，在服装方面，他很早就展现出过人的天赋，在他还是个中学生的时候，他就曾尝试着将军装与牛仔服结合起来表现个性感受。20世纪60年代在推销领带过程中成功地设计了首批“唤醒时尚的领带”，命名为 POLO，这种加大两倍宽度、色泽鲜艳的领带给当时千篇一律的黑色领带以强烈地震撼，也为 Lauren 日后的成就奠定了坚实的基础。1968 年，Ralph Lauren 成立了男装公司，在服装风格上 Lauren 倡导简洁舒适的时尚情趣，不论正装还是休闲装，都洋溢着一股富于现代感的高贵气质，非常适合有身份、有地位的男士穿着。20 世纪 70 年代，Ralph Lauren 开始进军女装市场，全面继承了“简洁舒适”的风格，采用男式版型，女式剪裁，灵活的搭配和闲逸而又硬朗的内涵，吸引了众多职业女性的目光。20 世纪 80 年代初，Ralph Lauren 推出了 POLO SPORT（POLO 运动系列），迎合了热爱运动和提倡健康的美国人口味。1994 和 1995 年又推出了两个年轻的副牌系列——RALPH 和 POLO JEANS COMPANY，并在这两个系列中通过英气、含蓄、性感等元素的巧妙混合，将爽朗而朝气蓬勃的美国精神全面展现。

2. 设计风格综述

Ralph Lauren 的品牌理念源自美国都市文化:舒适而不引人注目,但品质上乘。世界大都会——纽约赋予一直生活在此的 Ralph Lauren 以别样情调，每季作品都可发掘出这种韵意。此外 Ralph Lauren 在设计中还融合了西部拓荒、印第安文化、昔日好莱坞情怀等美国元素，因此 Ralph Lauren 被杂志媒体封为最具美国经典代表的设计师。

如提及款式简洁、穿着舒适、体现个性的 POLO 恤，很多人都会联想到被誉为美国三大服装设计师之一的 Ralph Lauren，这是一位强调美国风格——舒服、自由的感觉的设计师。Ralph Lauren 设计的 POLO 恤比传统衬衫少了些拘束，比无领 T 恤多了几分严谨和个性。这种以马球运动命名的 T 恤展现出舒适而悠闲的美国上层社会生活，源自美国历史传统，却又贴近生活，传达出高品质而不过度奢华的简洁生活理念。如今 POLO 恤已成为 Ralph Lauren 的代名词。

十六、Rick Owens（里克·欧文斯）

1. 设计师背景

Rick Owens 于 1961 年出生于美国加州的一个小镇 Porterville（波特维尔），在 Otis Parsons 艺术学院学习绘画，离开学校两年后将兴趣移至时装设计。Owens 没有进入专门的时装院校学习，而是选择一所贸易学校攻读纸样裁剪技术，并在一家企业从事纸样工作长达六年。1994 年创建了同名品牌，并于 2002 开始在 New York Fashion Week 中亮相，这一由美国《Vogue》赞助的设计一推出便引起许多时尚评论家的赞赏，包括麦当娜在内的许多明星都成为他的客户，Owens 获得同年 CFDA 大奖中专为表扬新锐设计师的 Perry Ellis 奖。随后在 2003 年辗转至巴黎推出春夏新装中，Rick Owens 延续他一贯 Grungy Street Style 的设计风格，以不对称剪裁，配合简约低调的色彩，将他偏爱的 WABI SABI（WABI 指的是用天然质朴的素材表现出别具风味的意境，而 SABI 则是充满禅意与冥想的古典情境）日式唯美主义的东西方融合穿衣哲学。

2. 设计风格综述

Rick Owens 是一位 21 世纪崛起的设计新星,他的设计以 20 世纪 90 年代的街头亚文化为启迪，追求一种反传统审美的设计路线，创造出看似都会简约却不失年轻朝气的新时代风格。

Owens 的深或黑色占据服装的大部分，作品充满了前卫时尚的街头文化，同时也流露出东方日式禅意韵味。Owens 的设计带有浓浓的后现代痕迹：朋克感强烈的重金属元素、带破坏性的剪裁和后现代风格的摇滚解构手法,Owens 将自己设计归纳为“Glunge”——一种混融了 Glamour（魅惑）和 Grunge（流行于 20 世纪 80 年代末 90 年代初的后朋克文化）的风格。

Owens 的设计注重剪裁结构，以布料的悬垂斜裁结合复杂的剪裁技艺，创造出复杂多变的造型，这是 Owens 最让人赞叹之处，也是他超强的制版能力体现，另一方面也是设计师运用解构理论的结果。他将每件作品都视为自己意志的实践，是对服装设计语言的深化和体验。Owens 不像有的设计师为搞怪而搞怪，做一些只能观赏而无实用价值的设计，他的每一件单品都具有独特个性与前卫色彩，但具有可穿性（这也是许多美国设计师的设计原则）。

十七、Three As Four—Adi、Ange、Gabi（安迪、安吉、加比）

1. 设计师背景

Three As Four 原名 As Four，共有四名成员。在 20 世纪 90 年代中叶，来自以色列的 Adi（艾迪）在德国的一所时装院校遇见了来自塔吉克斯坦的 Ange（安吉），两位女孩后赴纽约发展，并成为了造型师。1997 年两人在纽约，与两个男孩来自德国的 Kai（凯）和来自黎巴嫩的 Gabi（加比）共同创建了 As Four 品牌，Kai 曾是模特；而 Gabi 曾在美国的主流品牌 Kate Spade（凯特・斯帕得）做过设计。As Four 的前卫风格设计系列刚推出即在纽约时装周引起高度关注，他们的光碟包甚至出现在风靡全美的电视连续剧《欲望都市》中。2004 年对 As Four 品牌而言是一痛苦的日子，Kai 离开了与其他伙伴创立 7 年的品牌，如今只剩下 3 位设计师，他们通过革新和合作创造了 Three As Four 这一 As Four 衍生品牌。

2. 设计风格综述

美国设计组合 Three As Four 集合了三位设计师的智慧，它将艺术与服装生动的结合在了一起，以艺术的形式来装点服装。不仅如此，他们还运用精湛的立裁手法裁剪出颇具风格的款式造型。在平面视觉冲击的同时还能感受到服装本身的美，真是一场不容错过的视觉盛宴。

Three as Four 设计团队追求原创性、唯一性和无时间性，他们的设计都源于自身对时装的理解和需求。对于 Three As Four 这一新生品牌，设计师 Ange，Adi 和 Gabi 不断进行时装的设计思考，完成了时尚和艺术世界的融合，他们带给我们的是奇异的外轮廓造型、具创意感的裁剪、独创的图形和色彩设计，以及融未来风格和优雅高贵于一体的成衣系列。

十八、Tommy Hilfiger（汤米・希尔费格）

1. 设计师背景

Tommy Hilfiger 生于 1951 年的美国纽约，他自幼想成为一名运动员，但因身材矮小，令他未能如愿。在高中毕业后，Tommy 没有升读大学。18 岁那年，即 1969 年，他只以美金一百五十元为成本，开设了他第一间时装店，名为“People's Place”。开店初期，店内只得二十条牛仔裤而已。但只短短六年后，“People's Place”已扩充至有七间分店了。在这段岁月里，Tommy 以 Jacob Alan 之名设计衣服，并在自己的店子里售卖。这位年青才俊于 1976 年陷入破产，幸好这一摔没有摔破他的斗志。Tommy 随即到 Jordache 担任时装设计的工作，在累积了相当的经验后，他 1978 年再次成立自己的公司，店址设在了纽约市的繁华街头。并在 1984 年发表了首个以自己名字命名的时装系列。在 1978 年开设了自己的第一家时装店，Tommy Hilfiger 最初的时装店，还没有形成固定的风格，直到 1985 年，Tommy Hilfiger 才推出了真正属于自己的时装品牌“Tommy Hilfiger”男装，并迅速在美国占领了市场。

1992 年，公司更在美国上市。Tommy 利用筹集得来的资金扩充业务，再开设数以百计的分店。

20 世纪 90 年代，Tommy Hilfiger 被视为风格与 Ralph Lauren 一样的品牌：同样的以中产白人为目标顾客，同样以中产休闲为品牌风格。那时不少饶舌歌手 (rapper) 如 Snoop Doggy Dog 等等开始流行穿着特大号尺寸 (Over-sized) 的 Tommy Hilfiger 衣裤。这意外地为 Tommy Hilfiger 开拓了年青人及黑人市场，令 Tommy Hilfiger 的销量急剧增长。于是，Tommy 渐渐设计多些宽身而轻便的衣服，以迎合新客路对街头时装的渴求。1995 年，Tommy Hilfiger 的时装天分终受认同，获得美国时装界最高荣耀，成为“Council of Fashion Designers of America”的年度最佳男装设计师。至今，Tommy Hilfiger 不只在美国流行，更扬威国际，行销全球。1998 年获纽约时装设计名校 Parsons School of Design 颁发的“年度设计师”奖，1995 年被美国设计师协会选为最佳男装设计奖。

2. 设计风格综述

Tommy Hilfiger 是美国最受欢迎的时装设计师之一，作为美国中产阶级服饰的典型代表，Tommy Hilfiger 的简洁、舒适、运动、阳光的设计，深受世界各地消费者的喜爱。Tommy Hilfiger 的衣服看起来就是很简洁、用色鲜明，无论斯文庄重，还是轻松随意都能很好表现，这造就了 Tommy Hilfiger 有很强的配搭可塑性。“服装应该是利用趣味和创意的方式来表达自我，娱乐个人！我的设计即在反应各种不同形态的人生。”从 Tommy Hilfiger 的这段话语，可以了解到这个充满美式休闲风味的服装品牌，是如何成功地占领了美国青少年的心。年轻、性感与真实是现代年轻人的追求，凸显个性、讲求自由是当代人的风格，而这正是美国服饰风格的精髓所在，Tommy Hilfiger 正是这样一个体现美国时尚文化的经典美国服饰品牌。总体而论品牌风格崇尚自然、简洁、充满活力，与美国本土的风格特点相符合，受到年轻一代的关爱。由于 Tommy Hilfiger 品牌浓郁的美国特色，以及品牌标志与美国国旗的相似，让 Tommy Hilfiger 品牌在美国公众中，树立了良好的形象。品牌独有的红、白、蓝品牌标志已成为美国崇尚自由精神的象征。

十九、Vera Wang(王薇薇)

1. 设计师背景

华裔设计师 Vera Wang 于 1949 年 6 月 27 日出生于纽约，早先并没受过正统的设计训练，她对时装的兴趣最初来源于她的母亲。她的母亲穿中国旗袍，也喜欢伊夫 · 圣洛朗。小时候，Vera 被送入纽约城市芭蕾舞团，还被送去学习花样滑冰。8 岁那年，她在稿纸上涂抹出了有生以来的第一件时装设计稿，她幻想着自己穿着图画上的衣服，在冰场上成为众人的聚焦中心。十几岁时，她随父母移居到，母亲经常带她巴黎看时装发布会，这对她日后从事时装设计产生了重要的影响。她一直把她的“潇洒、富有创造性和文化修养”都归功于她的母亲。23 岁那年，她进入了《VOGUE》杂志，成了一名时装编辑，她是《VOGUE》有史以来最年轻的编辑。她在美国版《VOUGUE》杂志工作 16 年后，开始她的时装生涯。她先是到世界著名时装品牌拉夫 · 劳伦 (Ralph Lauren) 公司，担任品牌配饰与居家服装的设计总监。当她准备完婚订制婚纱时，发觉市场上的设计不是很传统就是琐碎，她嗅到了商机。于是在 1990 年，她在曼哈顿 Carlyle 饭店开设了第一间门市店，专门订做高价位新娘婚纱礼服设计，以现代、简单、尊贵的风格，打破繁复、华丽的传统，逐渐在上流社会打开了知名度。

2. 设计风格综述

Vera Wang 品牌以优雅、富罗曼蒂克的婚纱和礼服为主，尤其是 Vera Wang 的新娘礼服如今已经成为全球高档新娘礼服的代名词，是女人一生的梦想。 Vera Wang 用奢华的面料以及合体的裁剪重新定义了新娘婚纱的风格，用简约的线条取代了以往过于繁复的装饰，时髦而不失于流俗，简约而不过于刻板。Vera 认为婚礼是女人一生中最重要的时刻，婚纱是最值得拥有的艺术品，她的设计就是要打造最有魅力的新娘。穿上传统风格的婚礼的新娘就似结婚蛋糕上隆重累赘的小人，而 Vera 设计的新娘礼服使新娘们如经过精雕细琢的工艺品，美丽动人，丝丝入扣。Vera 的婚纱风格浪漫富且富有童话般的色彩，丛林、小溪、阳光、蓝天，一切可以制造浪漫的事物和场所均是她的创意源泉。除了创造美丽的婚礼殿堂中关于一个个公主的童话以外，Vera Wang 在礼服设计方面也有着独树一帜的风采。

二十、Vivienne Tam(谭燕玉)

1. 设计师背景

以结合东方传统元素和西方时尚形象的创新意念在时装界不断走红的 Vivienne Tam 是近年来美国时装界的备受追捧的设计师。她出生于广州，成长于香港，就读于香港理工大学时装设计专业。20 世纪 80 年代初移居伦敦，于 1982 年迁往纽约，并在当地充满刺激和活力的时装界开始发展她的事业。早先在 East Wind Code(意为好运和成功) 品牌下首次推出系列服装，非常成功，后于 1990 年开始设计以 Vivienne Tam 为名的系列作品，并将其发展为时装系列。1995 年，推出了极大影响力的“毛”系列,成功实现从时装界向艺术界的跨越。1997 年,她又推出了庄严的佛教系列，其中一些图像非常受欢迎，以至于有几十个设计师甚至将这些图像用于他们自己的设计中。这些系列中的一些作品被永久地保存在几家国际性的博物馆里。

2. 设计风格综述

Vivienne Tam 虽然成名在纽约，但她的作品极具中国特色，这和她的中国血统、生活经历不无关系。她始终相信，要坚持民族的，才能成为世界的。在融合中西方文化的香港长大的她一直觉得中国文化博大精深，可是许多传统的东西显得老套，没有时尚的感觉，很难让年轻一代、让不甚了解东方的外国人喜欢。所以，她一直在发掘中国传统文化在现代社会中的闪光点，让更多的西方人接受、喜爱古老的东方文明。她身上同时有着传统与反传统的气质，拥有东西方的视野，并致力于跨文化的交流。她以设计师的创意巧思，大量从东方文化中撷取灵感，将之转化成全新的设计，屡屡让人惊艳，令人叫绝。

在设计创作过程中，她关心她的每个设计，希望能突出每个人的独特性格。她的设计和谐而美丽，能突出个人个性的，且易于与其他服饰搭配，亦能表现自己的风格。她认识到时装设计必须立足于民设计文化的“根脉”，才能在西方设计界获得认可。在多年的设计生涯中，她对中国民族设计艺术的精髓进行了逐步深入的挖掘和了解，用开放兼容的西方式的审美视角对中国优秀的民族设计艺术的技艺、各种元素的精神意蕴在作品中得以淋漓尽致的体现。在她的作品中既有中式的含蓄、温婉和谐美感，又蕴含西式审美的整体节奏平衡，最终得到东西方消费者的认可和青睐。

二十一、Zac Posen(扎克 · 柏森)

1. 设计师背景

1980年Zac Posen出生在纽约布鲁克林，从小就对服装感兴趣的他在4岁的时候就开始勾画一些简单的效果图了。凭借这样的天分与兴趣，16岁他已经在纽约大都会艺术博物馆服装部接受指导，在随后的两年中，使他有机会与时装先驱Dior、Vionnet的原作朝夕相处的机会，耳濡目染的氛围使年纪轻轻的Zac Posen对现代时装史有了深入的了解，这在日后其作品中表现出来，如褶皱、鱼尾造型的裙摆、斜裁手法等。18岁那年，他加入了纽约帕森斯设计学院的预科班，1999年到伦敦中央圣·马丁艺术学院攻读女装设计学士学位，开始接受正规的服装设计教育。在中央圣·马丁艺术学院这座神圣的艺术殿堂里，他从未停止过自己的社会实践。2000年，当他的同学、美国女明星Paz de la Huerta（帕兹·德·拉·休尔塔）穿着他所设计的礼服作品在派对上大放异彩时，众人哗然。这件作品随后被《纽约时代》杂志称之为“本年度最佳服装”。而当时的Zac Posen连发布会都未曾举办过，在设计师这个庞大的王国里他根本是个名不见经传的小孩。这些仅仅是他艺术之路的开始。后来他争取到了在Tooca（托卡）服装品牌做正式设计助理的机会。这期间，他成立了属于自己的公司，创建了以自己名字命名的品牌。他的品牌无论是在设计上还是在运作上都相当成功，以至于他不得不在2001年放弃学习来专心经营他的品牌。2004年他举办的首场时装发布取得了成功，同时也让他获得了美国时装设计师协会（CFDA）成衣奖项，并确立了他在时装界的地位。如今，他拥有以自己名字命名的品牌，经营范围除了时装、手套、梳子、皮包等配饰。

2. 设计风格综述

Zac Posen走的是唯美的设计路线，在设计风格上大肆张扬女性美，特别注意强调20世纪40年代好莱坞的性感夸张风范，既创意十足又深谙女士着装之道。他的设计风格与另一美国著名设计大师Marc Jacobs的设计风格很相似，线条流畅、凹凸有致，他的经典连身小洋装即体现这一特点。他的鱼尾造型的裙摆设计及斜裁手法运用既有Vionnet夫人的影响，同时也尽情展现了他的独创性。除此之外，尖角领、20世纪20年代的平板款式、带有印花图案细节的雕塑一般的造型、绳带捆绑与不规则图案创意、绸缎面料中表现出了不凡的造型效果等都是他针对品牌而经常运用的。他还摒弃了当下最风靡的女孩子风格，将设计视角选定在成熟的女性身上，使设计带有纽约都市女郎的时髦形象。

二十二、Zero Maria Cornejo（哲洛·玛利亚·科奈约）

1. 设计师背景

Maria Cornejo出生于智利，生长在伦敦，在纽约发展自己的时装事业。将商店取名为“零”，并非因为店里陈列的服装异常简洁，也非因为店外充满原生态特色的混凝土建筑本身，而是对Cornejo来说，这是一个时装老兵的新路程。早在20世纪80年代，当Cornejo20岁的时候，就与当时的男友，现已是名设计师的John Richmond一起创立了Richmond/Cornejo品牌，并且迅即获得了成功，当时他俩是媒体的宠儿。

不幸的是，Cornejo26岁的时候，两人的合作解散，同时也解除了他们的工作关系和私人关系。1988年Cornejo搬到了巴黎继续自己的服装设计，同时为一些大公司打工，这些经历锻炼了他的商业才能和市场经验。经过了十几年的高级打工生涯之后，2005年Cornejo在纽约重新开设了自己的专卖店。事实证明这是一个非常明智的决定，“零”在短短的一段 时间里迅速建立起忠实的客户群，包括各类社会名流、顶尖模特和那些热中追赶时尚的人们。

2. 设计风格综述

作为一个年轻的美国时尚品牌，Zero的设计整体简洁大方，细节精密细致，Zero的服装简单实用，但能穿出非常特别的感觉。作为设计师，Cornejo的设计流露出美国式的简约倾向，其独特、简约的设计风格赢得了众多女性的青睐，总在不经意间带给人们惊喜。

第三节 纽约时装设计师作品分析

1、3.1Phillip Lim(菲力浦·林)

作品中有预科生那种带领结的浅褐色衬衫，搭配深色长裤，配上细细的黑背带，蓬松的袖管打着细致的宽褶，直至肩部，与衣片前身上的褶相呼应。裤子选择男裤造型，上松下窄，裤腰上的宽褶剪裁很巧妙，这是Lim特意在服装上设计的耐人寻味小细节，凸现出大师级的潜质。整体风格和谐统一，莫名搭出一股清新脱俗的校园风情。(左图)

身着走俏的卡其色肩章长外套，内搭彰显本季格调的白衬衫及大号同色领带，淡泊明朗如春光般的色彩洋溢着年轻的气息。裤装很独特，宽档、多褶加外贴袋，白色长裤似裙非裙的腰部设计赋于女孩般的俏皮感。深咖啡色的瓜皮帽显露出设计师对于多面风情的喜好。由Lim最钟爱的模特Irina Lazareanu(艾瑞纳·拉扎罗纳)展示的这款服装定下了春夏季悠闲、清爽的主调，让人领略了设计师的灵巧构思。在色彩上，以淡雅、清爽的咖色、白色为主，腰带也选用柔和的米色，整体营造出轻快、悠闲感。(右图)

2、Anna Sui（安娜·苏）

这款街头摇滚风格的时装，拿破仑式的草质大宽边帽、缀珠的绕颈金属项链，民俗风格极强的系扎的长头巾和拼接迷你裙，皆展现出摇滚与民俗混融之后的狂野时尚。花纹灵感来自闻名全球的土耳其手工锦织地毯，整款设计让人联想到从充满战争与纷乱的历史走出的美丽多彩的玫瑰天使。在色彩的运用上，红、绿、黑、白都调配在恰当的比例，加上金色的点缀，将妖媚和纯真集于一身。面料图案混融了碎花、条纹、格状花等于一体。（左图）

Anna Sui 的服装华丽又不失实用性，启发穿着者的未经开启的无限创意。随心所欲的自由组合让 Anna Sui 一直制造着流行话题，让时尚都会的女子自然不造作，魅力独特，个性张扬。她在 2007 年秋冬纽约的时装发布会上有许多充满贵族气的时装，她参考了 20 世纪 60 年代波普设计大师 Andy Warhol 及一些商业艺术家作品，把各式各样花俏无比的窗帘布印花运用在洋装设计上，在她擅长的丝质软缎娃娃洋装上面，可以看见一些熟悉的生活家饰品图案——蝴蝶、挂穗，还有许多精致的雕花设计。黑色和浅棕色两种闪着哑光的面料，领口、袖笼、下摆以金色装饰镶边，无形中带出英伦贵族气息。在款式上，没有过多的变化，高领小宽松袖衬衫外罩长娃娃衫，简单的 H 型就表达了所有的内涵。注意细节设计的 Anna Sui 在洋装上拼贴的徽章式饰物也是精致无比，无论造型和位置都是点睛之笔。（右图）

3、Carolina Herrera（卡洛琳·海伦娜）

小碎花的印花图案增加了几分田园乡村气息，而轻衫摇曳之处，款型中对过去创意的引用被小心地处理在轻描淡写之间，显示出设计师的细心。设计师这款连身裙装带有早期 Marilyn Monroe 连身小洋装模样，翻领结构，七分袖，裙长不过膝。精细刺绣的雪纺薄纱、网状鸡尾酒裙摆、腰间缠着蝴蝶结与玫瑰花缎带的罩袍式礼服结构传达出高档精致的品味。（左图）

晦暗低沉从来不是 Carolina Herrera 的设计风格，也不归属于她那些公园大道上的客户。这款作品有一种忧郁甚至神秘的基调出现在她的设计中，与她早先如糖果般甜蜜的春装截然不同。同样是典雅高贵的贵妇形象，整款线条简洁流畅，外套廓形松身，袖形宽大，长绒毛皮装饰在七分袖口处，配上黑色皮手套，彰显奢华高贵，同时也兼有休闲意味。深色的男式格子花纹与提花织物一同反衬着艺术化的细节设计，成为了 Carolina 的新标志。赋予女性化的花边装饰与花苞状短裙一并诠释出女性的优雅气质。模特们挽起发髻继续扮演着翩翩然的贵妇形象，这一切均在设计师的整体设计掌控之下。（右图）

4、Derek Lam（德里克·赖）

本款设计重点放在领部的吊带裙轻柔而有质感，直条纹、斜条纹的面积对比带出飘逸流动的感觉，对襟中式领风格的领圈装饰着细幼的带子，与高腰处的细带联为一体，巧妙地分割大片的素色，也与内衬的吊带裙相呼应，重新塑造出东岸女性的自信与强势的特质，却丝毫不减损女人味。采用丝绸、雪纺等面料展现出经典的浪漫风，设计师匠心独具地将衬裙缀以蕾丝，以丝绸质料带出高雅与飘逸，用中国元素把潮流演绎得淋漓尽致。A 型的小宽松线条打造出风格独特的晚宴装，Derek Lam 运用无性别的概念，将希腊女神模样的及地宽大罩袍改造成膝上连身裙，以别致的饰带镶缀、全系列简洁流畅的线条不但实穿易搭，更是 Derek Lam 个人风格的经典展现。（左图）

成长于 20 世纪 70 年代的 Derek Lam，其实相当钟爱一切属于他的世代的所有事物，于是在 Derek 的设计中，可以明显感受到着复古又狂放的摩登风格。丝质洋装短薄、摇曳生姿，简洁的 H 造型并不强调女性的曲线，宽松的袖子尽显自在和悠闲。细格纹的运用是设计的出彩处，在肩袖处的结构线式点缀，袖口处的横向分割，裙片上的大块面装饰，还有腰间系扎的随意展现鲜明抢眼，倍添复古风情，所有的剪裁与细部处理皆细腻而时尚。色彩方面，黑白格融入明度适中的苔绿色中，生动而活泼，丰富而不单调，表现 Lam 出色且极富创意的翻新概念。（右图）

5、Diane Von Furstenberg（黛安娜·冯·弗斯滕伯格）

Furstenberg对流行的中性形象从不妥协，一直坚持自己标志性的浪漫设计，轻纱薄绸、亮缎饰片，体现着女性的柔媚与婉约。此款是Furstenberg追寻古典浪漫情调的体现，延长洁白的伸展台仿佛走来一位女神，高贵典雅，清新自然。柔滑光亮的长裙随着模特的走动流淌出节拍和韵律，大小不一、不规则排列的铜锭将飘逸的长裙固定出凹凸起伏的人体线条。模特垂直的长发与飘然的长裙遥相呼应。在造型上，是自然简洁的高腰A造型，胸片的设计巧妙而迷人，完美表现出女性的优雅性感。色彩上，柔和的米色与有光泽的面料配合，显出光彩照人。金属质地的装饰物打破色彩的单调，自然流畅，可见设计师对整体风格的掌控能力。（左图）

这款斜襟连身裙，也是wrap dress的一个变化款，是为女性设计的柔美形象，大红的色彩带来眼前一亮的视觉震撼，选用质料独特的fedora绒针织布，经过精心剪裁，衬托出女性的绰约风姿。胸前、立领边及衣袖装饰荷叶边，为衣服注入丰富质感与细节，加强立体感。同色的腰带洒脱，塑造出诱人而优雅的形象，同时保持一贯的潇洒从容，尽显热情奔放的西班牙风采。弧度圆滑的领口线、模特简单束起的发髻，金色的挂坠项链，精致的荷叶边，Furstenberg运用了所有能够表现优雅的设计元素，让作品散发着无可比拟的淑女气质。糅合美式简单线条以及欧陆的内敛低调风格，老牌设计师洞悉流行的深厚功力果然经典隽永、韵味十足。（右图）

6、Donna Karan(唐娜·凯伦)

Donna Karan 的设计一向我行我素，并以生活态度及个人风格为前提。凭借其低调成熟的风格、流畅的剪裁与精到的细节元素，Donna Karan 真是叫人心动。此款设计即表现这种感觉。宽松且层叠收腰的随性设计有美式的悠闲感，不花俏的单色系搭配细绳缠绕的性感鞋款及配饰，利落、舒适而淡雅。轻柔飘逸是设计师表现的重点，在面料的取材上，飞逸爽朗的绸纺成为主角，色彩为自然的米色，一派繁华落尽后返朴归真的清雅悠然。腰部、胸部以面料的透叠效果强调曲线表达，牵引了视线的过渡，同时也有色彩上的微妙变化，产生一种品位独特的时髦感！顺裁的纵深 V 领开过胸线，影影绰绰的锁骨神韵非常。披挂式的袖片设计落落大方，松垮的裤身结构多一份轻快和愉悦，整体纱笼风格的设计隐约中透露出些许民俗风情。Donna Karan 这一美国本土色彩的纽约品牌，不离美式休闲风，同时变得越来越经典优雅，并且充满了混融巴黎美感的异国情调。(上图)

Donna Karan 的设计线条流畅且女人味十足，与她钟爱的黑色成为品牌的招牌。她从多姿多采的纽约夜色吸取灵感，在黑色中融合她对于快节奏大都市生活的理解和感悟，营造出别具朝气与活力的感觉。黑色小洋装对设计师而言是必备作品，在 Donna Karan 手下，小洋装颇富都市性感。及膝的黑色大坦领连身裙剪裁修身，使淑女能轻易打造出优雅造型。Donna Karan 非常擅长在不浮夸的设计融入精彩细节，可观性之余，同时具备可穿条件。此款领子的荡褶使整体造型变得更富女人味，肩部的紧身包裹比露肩晚装更幽雅含蓄，却不减性感风情。腰间的腰带装饰，配合修腰剪裁，裙身与腰带之间，亚光与光面配合得相得益彰，天鹅绒镶暗银色边的高跟鞋，黑色的头巾，都是低调而又看出心思的设计。(下图)

7、Francisco Costa(弗朗西斯科·科斯塔)

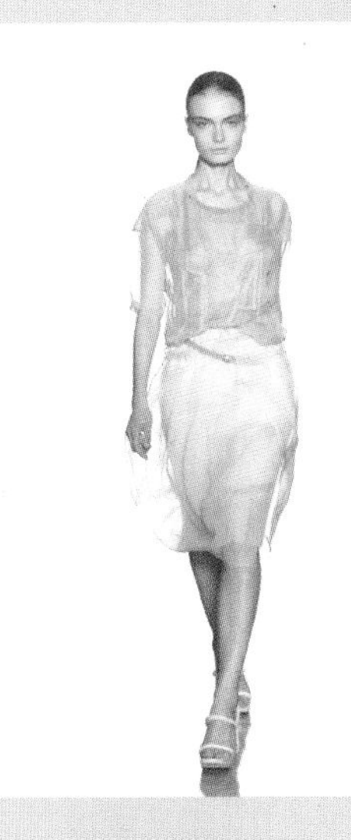

在 Calvin Klein 时装秀作品中，已能捕捉到 Costa 的设计风格。这款作品 Francisco Costa 一如往常，将干净简洁的线条、清爽素雅的颜色奉为圭臬，用最简单的设计来引领潮流。他将镂空的面料设计成短夹可式样，轻薄外套上有许多网眼和小洞，更具透气及通风的效果。宽松袖子好比美式足球员球衣的保护罩，成为了引人侧目的设计元素，背心式样的内搭装束用本色的装饰绘出图案。而如手风琴般的皱褶或如松饼的格子等细节，都让服装更显层次感。在色彩上，透明的白、棉质感的白、重叠的白，变化出多层次感。(右上图)

烟囱型衣领的夹克，没有花俏的细节处理，略带新奇的套肩袖拼接勾勒出宽肩设计，塑造出时尚而随性的外观线条。典型的 CK 式中性化设计，在面料色彩上采用的正是 Calvin Klein 一贯最爱的深黑色，具金属感光泽的黑色上装、墨色短裙，搭配黑色皮质手套，一派大都市职业女性时尚新形象。裁剪上，稍大的尺码带着潜在的夸张概念，似乎在有意制造着衣物与身体的之间的空间，模特们犹如抽象的画中人，营造出艺术感的空洞意味。裙装则截然相反，柔软地拥抱着模特身形的每个曲线，膝上短裙紧贴着身线，缎料的裙摆边露出一丝女性化痕迹，这是清晰而自信的极简艺术，再注入别样的性感，Costa 已经找到了稳赢的组合。(右中图)

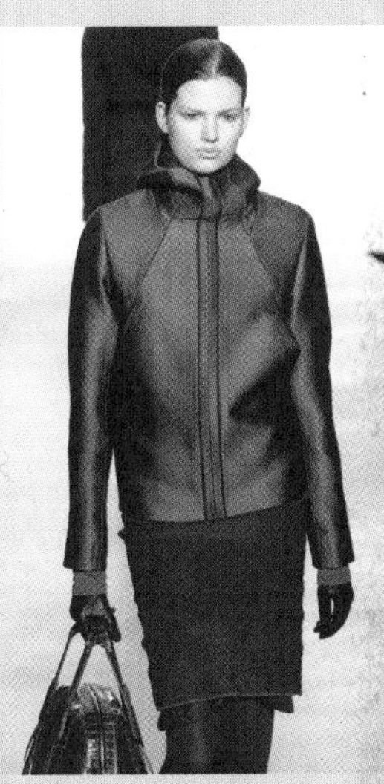

8、Jeremy Scott(杰里米·斯科特)

整款裙装以汉堡包的形式体现，设计师以写实的手法通过服装语言表现，虽嫌过于具体，然不失诙谐。而且衣服显得十分有趣和独特。跳跃的色彩是 Scott 的标志，明黄、大红、桔色和草绿经设计师的精心布置也不显艳俗。类似碎格拼接而成的图案鲜亮醒目，犹如置身于快餐店。不同材质不同图案的条状布条拼接在一起，由一块大面积的红色背心将其调合在一起，使模特形象生动活泼，充满活力。(右下图)

此款设计款式简洁，没有特别的结构处理，但奇妙的印花让人过目不忘，钢琴键盘、音符、网球拍等图形经设计师的重新加工演绎出新时尚，工整的印花图案，带着未来时空无限的想象。奇形怪状的超大装饰似救生圈，吸引着人们的眼球。高耸的发髻恰当好处的配合着服装的怪异风格。整款设计表现出 Scott 的幽默和调皮，在惊喜之余充满回味。(左下图)

9、Marc Jacobs（马克 · 雅克布斯）

Marc Jacobs 结合 17 世纪德国作曲家 Pachelbel（帕卡贝尔）的卡农以及极简音乐大师 Brian Eno（布莱恩 · 埃诺）的影像，以油漆粉刷出草绿色伸展台走道，营造了一个春意盎然的乡村风貌的舞台背景，这种隐约散发神秘气息的美，深深地令大家着迷于 Marc Jacobs 难以形容的设计魅力。Marc Jacobs 又回到他最擅长做的设计：涵盖多重元素的颓废造型和 Grunge 风貌。有光泽的薄纱衬衫，对比着收腰短夹克，露出足踝的宽松郁金花型泡裤，看起来有着说不出来的突兀与怪异，这些风格鲜明的单品出色地表现出设计师天马行空的设计风格和“怎么混搭怎么配都行”的精神。Jacobs 依然钟情玩味复古趣味的设计，并将 20 世纪 60 年代甜美元素作了些微妙变化：发带上的金色花饰，大版本的蝴蝶结，短装的抽褶大翻领等等。乳白色、水蓝色的浅色调与金色相互搭配，表现出“轻盈、友善、和平与丰富”。（左图）

优美古雅的黑色长针织套衫做成前开口，露出里面的带有光泽的直筒长裙和方形金属扣环皮带，形成款式和色彩的强烈对比。大大的交织字母提包、散发皮革天然亮度的长靴是重点配饰。裙摆上的流苏装饰线分明是浪漫随意的写照，与套衫的前开口直线、微露的白色衬衫袖口，构成多样化的利落线条，以此勾勒出秋冬的鲜明轮廓：成熟、精致和时髦。（右图）

10、Max Azria（马克斯·阿兹里亚）

Max Azria 带着欣赏的目光专注着世界上所有美好的东西，并相信它们都是上帝的一种恩赐。作为一个设计师，Max Azria 极愿意倾听它们内心里的声音，好像花儿绽放在夜里一般细微的声响，更多地了解不同女性的需求，让她们能以舒适而富美感的状态生活着。一袭红色的薄纱裙，大量铺张融入镂空的同色蕾丝，延续品牌以往飘逸女人味的都会形象，不同的是更添了些许浪漫奔放的波西米亚的味道。依然是 Max Azria 钟爱的松身宽大造型和擅长的雪纺纱面料，不对称的斜肩大一字领设计，满布下摆处的传统镂空抽纱工艺与整体的浪漫氛围浑然一体，古老与现代融为一体。擅长搭配的设计师这次用同色的腰带作为装饰，在腰间不经意地系扎，将如风似雨般的飘逸巧妙地收服起来，轻灵又不失现代感，这些玲珑剔透的衣衫华服，集优雅、性感、精美于一身，独属于那些风口浪尖上的潮流宠儿。（右图）

Max Azria 总能将各种风格融合在他的华服中，表现独特的女人味。BCBG 服装高腰结构，着实可爱迷人，展现的是年轻的女学生风貌。采用的是偏中性的色彩，米色和咖啡，古朴而素雅，淡然中带着些许英伦风情。可爱毛线帽、造型方正的皮制手夹包与精致洋装的搭配流淌着当仁不让的自信气质，流行的灰黑色长袜少了些略带天真的女孩气，追求的是时髦姐姐的精致、妩媚。略带前卫的领口设计与肩袖的抽褶是设计师一贯喜欢的波西米亚风格，成为整套服装的设计眼。肩袖的抽褶和大 A 型的裙身造型，将秋冬的厚重面料营造出飘逸感，法式的轻柔与浪漫也悄然弥散开来。所有的扩张都收缩到领口，由宽扁的咖啡色带子完成，设计师 Max Azria 在一张一弛之间完美地表现了他喜爱的唯美风格。（左图）

11、Michael Kors(迈克尔·考斯)

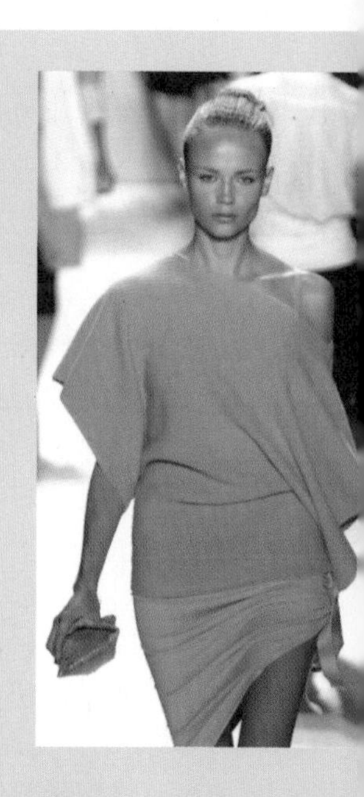

Michael Kors 对风格的把握成熟老到，早期他为 Celine 的设计定位在女性放纵奢华的表现，而 Kors 自己品牌则力求简洁，具可穿性。色彩上没有花俏华丽的色彩组合，纯度较低与裸肤色接近的驼色贯穿于服装和夹包，不同的材质形成略微的色彩变化，其中蕴含着浓厚的都市熟女沉实稳健风格。羊毛的针织面料因宽松设计而显出舞动感，光面弹性面料将时髦潇洒的轮廓尽情表达。在细节方面，Michael Kors 带子的安排颇具特色，肩部的细吊带、裙侧的宽边抽带都集中在左侧，将视觉焦点引到一侧，把现代感和利落的气质表现得淋漓尽致，显示出设计师对整体造型把握的娴熟功力。(右上图)

一根同质精良的腰带是塑造身型的最好道具，纯粹中演绎着不事张扬的上流优雅，传达出惬意的优质生活。腰带系在较高的位置，与超短的宽褶裙一起提升视觉重心。Michael Kors 在设计中融入许多运动休闲的元素，自然的小圆肩、收成宽边克夫造型的裙摆、过肘的长编织手套，都透出浓厚的休闲味。擅长运用超级奢华材质的设计师当然不会放过皮草，具爱斯基摩情调的圆顶毛皮帽，兼顾华丽与实用，表现出奢华又充沛着生机勃勃的活力。Kors 很好地掌握住了其中的平衡点，整体高贵的同时又不失运动感。(右中图)

12、Narciso Rodriguez(纳西索·罗德里格斯)

Narciso Rodriguez 一直追寻经典与摩登的平衡，追求一种纯粹。令人耳目一新的连衣裙，由黑白色块和线条组合，极具装饰风格，同时表现了纯粹色调下的清新简约风。多片的分割仿佛一幅意境深远的抽象画，精准的剪裁，使这款裙装有强烈的雕塑感。线条的安排自然区分出领片、肩片和胸片，前开衩的设计使黑白巧妙分出左右片，黑色的腰带更是浑然天成，这也是欧洲雕塑风与美国风格融合的最佳表现。Narciso Rodriguez 强调手工和细节装饰，这款工艺考究的裙装设计证明了他对剪裁和结构的出色把握，也正是设计师精致奢华设计理念的表现。(左下图)

Narciso Rodriguez 擅长将欧洲甚至拉丁的风格与美国风格结合起来，这也源于他的拉丁血统和在欧洲工作的经历。七分袖毛呢料上装搭配铅笔裙，造型简洁。领部的立体长方块、袖口的方形搭襻，还有胸部的水平线分割都充满了硬朗的建筑感。与春夏季的塑胶金属及花俏繁复的刺绣风格完全不同，整体轮廓变得简洁而利落，颜色也采用感觉舒服的黑与白搭配。Rodriguez 向来重视剪裁结构，此款在结构上有更多细节处理，胸、腰、袖身分割线处理曲直相间，工艺独特，所带来的大小比例完美而有节奏感，设计师意欲塑造出率性、优雅、迷人的都会形象。(右下图)

13、Oscar de la Renta(奥斯卡·德·拉伦塔)

Oscar de la Renta十分了解他的顾客群,在他的设计中,经典、优雅、高贵是永恒的主题,这也是名媛淑女们不可或缺的服装。这款贴身剪裁的红色鱼尾裙晚装，精致典雅，大气稳重的铁锈红主色上有晕染的处理，颇具异域风格的印花斑驳迷离，鱼尾裙上如荷叶边的裙裾动态十足，有轻盈的空气感，行走间流淌出优雅的气质。短小精悍的针织短外套拼缀毛绒线球，大翻领的设计细腻温和，黑色与红色的色块对比，设计师把握得恰到好处。华丽的丝绸面料加上高超的立体裁剪，勾勒出凹凸有致的曲线。两种女性化面料的组合，于细微处显出设计师的妙思精工，悠悠传递出女性的性感，凸显高贵与时尚。(左图)

这款长露肩礼服作品同样是Oscar奢华风格写照，展现出喜爱Oscar的信徒们渴望的衣着轮廓：极简派艺术+纱笼礼服+挖背深V领剪裁，融合成公主般梦幻情调。设计师将颈部和胸前成为设计的焦点，精致的V领上缠绕编织，加上璀璨夺目的水晶点缀，华美至极，令人赞叹。抹胸设计抬高了腰线，呈现出希腊女神般圣洁，覆着深灰色薄纱长裙自上而下层层叠叠，互为映衬。Oscar以老练的设计技巧传递出恬淡的雅致，也诠释出他所尊崇的传统时装美学。(右图)

14、Peter Som（邓志明）

整款从胸线至下摆处层次分明，张弛有度，展露了女性流线型的美感。设计师以不过膝的灯笼造型裙摆处理随意自然，并彰显出新颖独特的造型。用具反光效果的鸽子灰塔夫绸 (Taffeta) 料制成的灯笼裙颇具华丽感，设计师别出心裁地以黑纱与细肩带连成一体，胸部的黑色薄纱更衬出性感娇媚，并使整款更显华贵优雅，同时还略带一点小姑娘似的轻松、悠闲和运动味，这正是设计师坚持的设计倾向——带些懒散感和浪漫风。（左图）

同样是小礼服款式，整款无肩带设计，廓型利落舒畅。设计师在简单的款型上，以带复古风格的自然随意捏褶作为主要手段，以疏密变化、方向不同、和交互穿插来表现捏褶的不同效果。清淡的灰色主调，以柔软飘逸的材质配合，这一切让 Peter Som 的时装充满了亲和力。黑色宽腰带既简洁，又将随意的捏褶置于整体之中，体现出设计师的独具匠心，并展现了 Peter Som 所要表达的简洁的奢华质感。（右图）

15、Ralph Lauren（拉夫·劳伦）

在每一季的时装中，我们都能感受到 Ralph Lauren 浓浓的“美国味”——简洁、都市感、休闲味和可穿性。这款作品展现的是职业女性套装，整体设计以咖啡色调为主，延续一贯的男式版型、女式剪裁结构。高脚西装枪驳宽领给人硬朗感觉，合体的西式短装配长裤点出中性味道，配合女性化的蕾丝形成了强烈对比。内衣结构上，高领绣花透明薄纱与绸缎低胸内衣互为映衬，同时又具高贵感。在细节方面，添加了许多女性化的元素：外套线条强调窄腰曲线，全蕾丝的手套突出妩媚，合身裁剪的裤装强化女性独有的丰腴性感魅力。（右上图）

Ralph Lauren 秉承品牌不随波逐流的态度，创作每个系列，就如一幕幕电影的诞生，创作者便是说故事的人，来自不同季度里的不同作品，都有其鲜明个性。这款作品灵感来自英式皇家狩猎 party 盛会装扮、以及大英帝国昔日的北非与印度殖民 style，作品表达出独特的都会休闲风。面料以上乘的质料为主，如柔软的手织面料及金属色系的呢绒等，倍添贵族气度，加上绝不掉以轻心的结构性剪裁，以线条道尽女性美态。黑白细条纹的马甲背心外罩在男式剪裁白色线条衬衫外，下搭宽口纯白运动裤，清新可人而兼有中性感。端庄典雅的马甲剪裁兼具男装版型，以细腰设计突出女性的曲线。整体色调以黑白灰为主，黑马甲、白领白袖口、白裤，加上宽檐绅士帽黑白两色配合，变化的是灰色条纹的粗细和深浅，白色占到较大面积，有夏季明快的节奏感。Ralph Lauren 在这黑白灰基调中，仍然幻化出迷人的女性风采。（右中图）

16、Rick Owens（里克·欧文斯）

这款颇具设计感的作品充分体现 Rick Owens 的设计特点。Owens 在服装中大量使用垂坠、打褶、层叠等手法，在领口处盘绕的棉纱形成如云朵般的效果，自由的高翻领突兀分明。分割线上衣在插肩处出人意料的系上两个小蝴蝶结，诠释女性的柔美。腰间的开刀处理别具一格，特别显眼。裙装衣片通过打褶工艺被分割成有规律的放射状结构，整个裙型似一朵含苞的花朵，正待开放。整款色彩处理上，白色上装至腰间渐变成浅褐色，直至裙摆得棕褐色，上下衣过渡流畅自然，整体感强烈。（右下图）

哥特风格巨大的 V 字形领口，以宽条纹做装饰，左右对称式的拼接，配上黑色小领子，刻板呆滞的样子像是从童话故事里跳出的木偶。幸而在几条深色条纹的引导下，飘扬起轻薄的纱裙，层叠的手法让柔软的布料呈现更轻盈的面貌。黑色的底布在薄纱的笼罩下隐隐约约。袜口的条纹与服装遥相呼应。略显体积感的上衣在轻盈的下装的加入后带上了几分活泼和精巧。（左下图）

17、Three As Four—Adi、Ange、Gabi(安迪、安吉、加比)

这款不对称裙装充分展示了 Three as Four 立体裁剪水准。作品延续了品牌标志性的斜向裁剪手法,并进一步翻新了拥有“Three as Four 灵魂”之称的硬纱褶边设计。柔软的面料被大胆地层叠于肩、胸处，经巧妙构思和立裁手法，显出万种风情。暗蓝色的单肩一反常态在左肩设置 (右肩居多,更具视觉平衡感),流畅的剪裁将衣片分解,并呈不同面积排列，和谐而有序。柔软滑爽的面料在腿根处抽褶戛然收紧，与肩部同方向斜至右腿膝盖上，形成独特的造型，随着模特的走动轻盈舞动。(右上图)

Three As Four 的作品强调视觉冲击力，无论是肌理印花还是几何构成，都给人强烈的视觉刺激，让眼球随着游走的图形不停转动，并被那些神奇的纹样深深吸引。这款裙装设计异常简洁，没有特设的曲线结构，而设计师将松软的布料随意拿捏使外轮廓自然成型。奇特的剪裁斜向围裹，发散出对外星生物的想象，像是电流般的闪烁刺激着人们的眼球，让人欲探求神秘远方的讯息。抽象的图案和银灰色的运用加强了整体风格的表达。(右中图)

18、Tommy Hilfiger(汤米 · 希尔费格)

H 型的啡黄方格呢经典外套，简洁的白色衬衫，深蓝色大摆及膝裙搭配可爱的深棕色小圆呢帽，带来一派贵族学生气质，面料名贵而高雅，做工精巧而细致，简洁的线条和剪裁充分演绎出穿戴者的独特个性。(左下图)

此款具有海军风情的条纹衫搭配浅色偏襟宽松裙，简洁、大方，是典型的美式格调。为体现一份女性的柔美和设计情调，设计师在领部与袖口处别出心裁地安排了抽褶细节处理。配件方面，黑色皮质腰带以及宽沿草帽反映出 Tommy Hilfiger 所要提倡的随心所欲的放松心境。此外设计师没有遵循常规的面料搭配原则，而是将光柔的丝质和厚实的卡其料柔相配，具有不一般的感觉。(右下图)

19、Vera Wang(王薇薇)

含蓄的优雅与性感是 Vera Wang 最显著的风格，她的设计一贯体现飘逸、轻盈、浪漫的女性特质，少有夸张出位的改变。风格极其简洁流畅，丝毫不受潮流左右。材质是简单优雅的罗缎、雪纺、绉纱。款式没有太过视觉化的标新立异，却以抽褶作为主旋律，胸前的密集与下身的舒缓成鲜明对比。精巧的缝制工艺显示品牌一贯的高品质，特意裸露的线条布边，轻盈吊带裙锯齿状叶纹的局部镂空，肩带上波纹状镶边，不免让人猜想是否突发奇想的信手拈来之作。从拼接方式上可见设计者对颜色的独特见解和敏感性，细腻轻柔的白色雪纺上运用浅墨的肩带，如中国水墨画般含蓄、意境深远，锻造出质朴的层次感。在细节上，叶片造型的肩带突兀而别致，与风琴般的胸前折褶形成视觉的一致性。腰线上的细褶均匀而富有韵律感，自然形成婚纱的流动飘逸感，光艳照人。(左图)

被誉为是打造女人一生中最罗曼蒂克画面的高手，不论在订制礼服或是高级成衣领域，Vera Wang 都堪称永不出错的安全首选。这款浅褐色礼服裙代表了典型的 Vera Wang 式设计。闪烁着亮眼却不嚣张的光泽，Vera Wang 运用透明的灰薄纱，自上而下的若隐若现中有种不言自明的高贵，让礼服显得华丽无比。在细节上，立体刺绣手法做成的格纹装饰在胸前，高腰结构帐篷状外形，仿如翩然下凡的仙女，展示出优美体态。设计师还玩弄充满文学气息的透明感：经过抓皱处理的半透明纱，内衬淡米色的绸缎，光线呈现细致的流转动态，脚步的荡漾有着风尘仆仆的味道。吊带的设计简约而摩登，选用衬裙同样的颜色和面料，短窄而不起眼。模特的化妆也是清新淡雅，不加装饰修理的长发更是随意，这正是 Vera Wang 的简约美学。(右图)

20、Vivienne Tam(谭燕玉)

Vivienne Tam 对中国文化有深入的研究，她巧妙地将中西文化相融合。她从传统的中国纹样、绣花中汲取灵感，创作出有中国古典韵味的洋装。精细手工的刺绣，形象取自荷花淀和牡丹花丛,这些丰富的手绣,使得衣服仿佛成了艺术品。在结构上也加入套袖、滚边这些传统的中国工艺，配合现代感浓烈的毛皮饰领，西式裁剪，将中国工笔画一并转化成服装符号。色彩方面，中国青花瓷的深蓝色与绸缎的藕荷色形成深浅对比，清新亮丽让人着迷不已。中式的直发发型也传达出设计师的东方情调，宛如千金小姐般高贵优雅。(左上图)

Vivienne Tam 在时尚界已经确定了自己的地位，她的时装吸引了不同年龄段，不同种族以及不同收入的人，她的时装中的文化内涵吸引着消费者体验时装背后的灵感。松身的旗袍款式，在领和斜襟上有很大的变化，传统的高领变窄了，同样宽窄的饰边重复出现在斜襟和袖口上。迷宫格图案也是西方文化的一种融入。淡雅的米色是主色调，细致的剪裁散发出一种女性的温柔美，传统的发髻夸张地做在头顶上，一展中国式的东方情调。如果说 Vivienne Westwood 塑造的是城堡里的公主，那 Vivienne Tam 展现给我们的就是寝宫里的格格。(右上图)

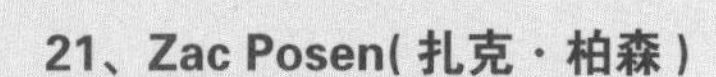

21、Zac Posen(扎克·柏森)

整款以褶皱作元素进行变奏，胸前和下身均有大面积的褶皱。灵活律动的荷叶立体剪裁再现了 20 世纪 40 年代的优雅气质，女人味十足。精致繁复的皱折，类似解剖学概念的裁剪结构是 Zac Posen 的拿手好戏！他采用了弧线结构，巧妙的分割线以扇形的裁片增添服装的柔美气息。色彩是柔和暗哑的银色，这再次点出设计师的现代都市风格的考虑。(左下图)

灵感来自 Zac Posen 最钟爱的 1930 年代风格，薄绸拼接雪纺的上衣，配合泡泡五分袖，袖口装饰洛可可风格的卷皱花边，有着维多利亚时代的繁复奢华感。若隐若现的薄透面料，性感而不失贵气。外套合身丝缎背心，是富有创意的搭配。色彩上，运用淡淡的杏色系与沉稳的中性灰色，营造出都市女郎的风采。造型上，上装篷篷外扩的袖子强化了丝缎薄绸的轻飘感，束在风格硬朗的裤装中，系上极细的皮带，像把飞扬的气球牢牢拴住，一松一紧，一柔一刚之间，形成妙不可言的对比设计。(右下图)

22、Zero Maria Cornejo（哲洛·玛利亚·科奈约）

这款作品设计师以大块黑色为主色，辅以白色相间，黑白强烈的对比摄人眼球，一下将人们的视线锁定在服装上。Cornejo 运用其娴熟的设计技巧，通过巧妙搭配，塑造出一个新时代的女性形象。在具体细节上，她在内衣安排了古朴的棉质抽褶小立领衬衫，随意自然的褶皱在整款设计中很夺目。外配黑色连帽紧身针织衫，让人联想到教堂里的修女形象，烘托出浓浓的怀旧气氛。紧身裤袜配以长统靴，没有过多的修饰，简洁流畅，一下子让人嗅出了现代时尚气息。袖口外露的白色克夫，与领口处的白色相呼应，使黑白色调在服装整体穿插中自然和谐，并打破了沉闷的黑色带给人们的压抑，通过黑白强对比使服装更加突出，低调含蓄却又夺人眼球。（左图）

这款设计简洁大方，设计以紫色为主调，以纯度稍低的紫色与淡雅的紫色相搭配。作品外形较特别，下落的肩线、前后相连的 X 字拼接使整款服装组成了 O 字造型，作品具有强烈的形式美感。细长的链饰装饰，使大面积拼色的整款设计显得更加的精致和有内涵。黑裤袜配黑色短靴，相当干练，也更衬出连衣裙紫色的高雅。Zero 简洁大方的设计打造出轻快、流畅的设计印象，为女孩儿们创造出属于他们的单纯，并表达她们细腻的心思。（右图）

本章小结

纽约时装代表着一种实用主义倾向，与追求创意的伦敦设计师形成极端对应，纽约设计师更加注重消费者的口味和市场的反应，所以简约之风在纽约盛行就不足为怪。在具体设计中，设计师更关注人与服装的关系和穿着效果，而不是夸张的外在廓形、惊人的色彩对比和哗众取宠的细节，这就是纽约时装的设计特点。

思考与练习

1、分析纽约设计师的设计风格和特点，试以具体设计师作品作说明。
2、分析纽约与其他时装之都在设计风格和构思上的异同性。
3、分析 Marc Jacobs 的设计特点和内在风格。
4、分析几位华裔设计师的设计特点和内在风格。
5、选取 Anna Sui 一款作品进行模仿，体验设计师的设计理念和设计内涵。
6、选取 Zac Posen 一款作品进行模仿，体验设计师的设计理念和设计内涵。
7、模仿 Calvin Klein 的设计风格，在此基础上进行再设计并制作一款服装。
8、模仿 Rick Owens 的设计风格，在此基础上进行再设计并制作一款服装。

参考文献

1. 陈彬 . 时装设计风格 . 上海 : 东华大学出版社，2010.
2. 刘晓刚 . 服装设计与大师作品 . 上海 : 中国纺织大学出版社，2000 .
3. 卞向阳 . 服装艺术判断 . 上海 : 东华大学出版社，2006.
4. 卞向阳 . 国际服装品牌备忘录（卷一、卷二）. 上海 : 东华大学出版社，2003.
5. 陈彬 . 时尚服装名师名品 . 赤峰 : 内蒙古科学技术出版社，2003.
6. 陈彬 . 经典服装名师名品 . 赤峰 : 内蒙古科学技术出版社，2003.
7. Terry Jones & Avril Mair.Fashion Now.Taschen，2003.
8. Terry Jones & Susie Rushton.Fashion Now.Taschen，2005.
9. Gerda Buxbaum.Icons Of Fashion–The 20th Century. Prestel，1999.
10. Jacqueline Herald.Fashion Of A Decade The 1970s . Batsford，1992.

后 记

2008 年根据我在东华大学服装学院讲授的专业课程《设计大师作品分析》的讲课笔记整理与汇总而成的《国际服装设计作品鉴赏》，作为东华大学服装设计专业核心系列教材之一出版。出版迄今的这几年间国际时装设计界历尽风风雨雨，一些设计师改换门庭，个别设计师品牌随着经济大环境的恶化而一蹶不振，而往日无名小卒凭借才气迅速走红。为了适应新的格局有必要对此书进行适当修订。这次修订在保留原有介绍时装设计师的相关背景以及品牌理念、设计思路、创作手段等框架基础上，将某些设计师在章节的位置做了调整，以求合乎当今时装设计界现状。另外，还将原来每一章的“设计师及作品分析”拆成了“设计师档案”和“设计师作品分析”两节，将每一章的设计作品集中在一起，这样更方便读者集中阅读鉴赏作品。

在写作过程中我负责本书的大纲、框架，完成全书文稿的写作、修改和定稿，我的研究生刘珺、曾昭珑、夏梅珍、李默、李宁协助资讯的收集和初稿的撰写，张建平、周荣丽、曾莺协助整理资料。

本书在写作中难免存在疏漏和不足，出版意在抛砖引玉，希望同行不吝指正。

作 者